KB186419

땅이름 속에 숨은 우리 역사

新 한국의 지명유래 2

땅이름 속에 숨은
우리 역사 2

초판 1쇄 인쇄 2008. 9. 19.
초판 1쇄 발행 2008. 9. 26.

지은이 김 기 빈
펴낸이 김 경 희
펴낸곳 (주)지식산업사
본사: 경기도 파주시 교하읍 문발리 520-12
서울사무소: 서울시 종로구 통의동 35-18
전화 본사: (031)955-4226~7 서울사무소: (02)734-1978
팩스 본사: (031)955-4228 서울사무소: (02)720-7900
인터넷한글문패 지식산업사
인터넷영문문패 www.jisik.co.kr
전자우편 jsp@jisik.co.kr
등록번호 1-363
등록날짜 1969. 5. 8.

책값은 뒤표지에 있습니다.

ISBN 978-89-423-3810-8 04980
ISBN 978-89-423-0050-1(세트)

이 책을 읽고 지은이에게 문의하고자 하는 이는
지식산업사 전자우편으로 연락 바랍니다.

땅이름 속에 숨은 우리 역사

新 한국의 지명유래 2

김 기 빈

지식산업사

머리말

만약 지명(地名)이 없다면 세상이 어떻게 될까. 우리 국토는 벙어리가 되고, 역사는 그 장소에 대하여 침묵할 것이며, 지도는 의미 없는 그림책이 되고, 사람들은 모두 주거불명자가 될 것이다.

내 나이 33세 되던 해에 국립지리원 지도과 지명담당사무관으로 자리 잡은 것이 1980년이니, 나의 지명 편력(遍歷)도 이제 햇수로 29년이 되었다. 그 동안 지구 둘레(적도)를 세 바퀴쯤 돈 거리인 12만 킬로미터에 이르는 국토 답사(踏査), 2,300여 회에 걸친 지명 소개, 850여 곳의 지명 관련 사진 자료 확보, 그리고 이 책자는 나의 19번째 분신이 된다.

성서(聖書)의 〈시편〉에는 "날은 날에게 말하고, 밤은 밤에게 지식을 전하니 그 소리가 온 땅에 통하고, 그 말씀이 세계 끝까지 이르도다."라는 말이 나온다. 이 말을 지명에 적용해 보면, 지명의 계승과 대물림, 그 역사성과 대중적 전파를 설명할 수도 있다.

천학비재(淺學非才)한 내가 30년 가까이 지명 편력을 통하여 깨달은 것이 있다면, 지명이야말로 그 땅에 새겨지는 것〔地銘〕이요, 그 땅과 운명적으로 하나가 되는 것〔地命〕이며, 그 땅의 울림(울음)〔地鳴〕이라는 사실이다.

처음 지명에 관심을 가진 그 때로부터 30여 년이 지났으나, 세상은 여전히 지명에 대하여 냉소적이며 치지도외시(置之度外視)하고 있다.

가령 2005년 모 중앙 일간지에서 '일제문화잔재 바로잡기 사업'을 펼쳤는데, 이때 "만경강과 영산강은 일제가 강 이름까지 바꾼 것"이라는 터무니없는 주장에 대해 시민공모 1등상으로 시상하려다가 시상 직전에야 이를 취소하는 어처구니없는 일이 벌어졌다.

또한 2006년에는 전국의 산 이름 유래 책자를 학술용역으로 발주하면서 지명에 관련된 한 편의 연구실적도 없는 학회에다가 일을 맡기는가 하면, 2008년에는 연구 경험도 없을뿐더러 심지어 '지명학'을 부정하는 학회에다가 5년 동안 전 국토의 지명유래집(전 5권) 편찬 학술용역사업을 맡기는 등, 정부의 지명에 대한 인식과 정책방향은 참으로 눈 뜨고 볼 수 없는 일〔目不忍見〕이라 하지 않을 수 없다.

그리하여 이 땅의 지명은 아직도 "산산이 부서진 이름이요, 허공

중에 헤어진 이름이며, 불러도 주인 없는 이름"으로 산야(山野)를 떠돌고 있는 것이다.

이번에《땅이름 속에 숨은 우리 역사》두 번째 책자를 세상에 내놓다보니 가슴을 짓누르는 여러 가지 감회를 두서없이 적어보았다. 이 책이 나올 수 있도록 끝까지 보살펴주신 지식산업사 김경희 사장님과 편집진의 노고에 깊은 감사와 경의를 표하는 바이다.

2008년 7월

과천 관악산 밑에서 김 기 빈

차 례

2. 땅이름에 새겨진 인물의 발자취 _________ 77

4. 땅이름에서 배우는 선견지명 _______ 197

1

땅이름에 담긴 역사 이야기

- 낙동강
- 수원시와 화성 성곽
- 부여군 낙화암과 백화정
- 무주군 적상산과 양수발전소
- 문경시 새재, 일심각과 윤씨열녀비
- 서울 종로구 관천대와 보신각, 일귀대 터와 시계탑
- 공주시 우금치와 정읍시 조소리
- 태백산과 호식총

낙동강

변진(弁辰), 가야와 신라, 경상 좌 · 우도를 나눈 역사의 강

'가락(洛)의 동쪽(東)' 뜻하는 남한에서 가장 긴 강

가는 이도 이와 같을까?

밤낮으로 흘러서 쉬는 일이 없구나.

逝者如斯夫

不舍晝夜

《논어》에 나오는 공자의 유명한 〈천상지탄(川上之嘆)〉이다. 공자의 이 말은 강물의 흐름과 인간의 유전(流轉), 한 번 가면 다시 올 수 없는 인생사의 덧없음을 말한 것이다. 강가에서 브라만을 깨달은 싯다르타와 비슷하다고 할 것이다.

강물의 흐름은 인류 역사의 영고성쇠(榮枯盛衰)와 직결된다. 강이 없으면 나일강변의 이집트문명도, 티그리스 · 유프라테스 강의 메소포타미아문명도, 갠지스 강변의 인도문명도, 가까운 중국의 황하

문명도, 그리고 '한강의 기적'을 이룬 서울도 있을 수 없다.

그래서 낙동강을 이야기하는 것은 곧 낙동강의 역사와 문화를 모두 아우르는 방대한 서사시가 될 수밖에 없다. 낙동강은 삼한 이전부터, 그리고 가야와 신라 천 년의 역사가 스며있기에 구비마다 노래가 있고, 시가 있고, 이야기가 묻어 나오는 강인 것이다.

> 경상도의 낙동강(洛東江)은 근원이 태백산에서 나와서 동쪽으로 꺾어져 서쪽으로 흐르다가, 다시 꺾어져 남쪽으로 흘러서 한 도(道)의 중간을 그었으며, …… 경상도 한 도는 모두 한 수구(水口)를 이루니, 낙동강은 상주(尙州) 동쪽을 말함이다. 낙동강의 상류와 하류는 비록 지역에 따라 이름은 다르지만, 모두 통틀어 낙동강이라 부르며, 또 가야진(伽倻津)이라고도 한다. 강 동쪽은 좌도(左道)가 되고, 강 서쪽은 우도(右道)가 된다. 고려 때에는 이 강과 호남의 섬진강, 영산강 두 강을 배류(背流)한 삼대강(三大江)이라 하였다.[1]

위 《연려실기술》 기록에 나오는 대로 '낙동(洛東)'이라는 이름은 상주의 동쪽을 말하는데, 상주의 함창이 옛 고령가야(古寧伽倻)의 땅이므로 "가락(伽洛)의 동쪽을 흐르는 강"이라는 뜻이다. 함창읍 증촌리에는 옛 고령가야국의 왕릉이 있고, 또 인근 오사리에도 왕비의 능이 있어서 이 일대가 가락국의 땅이었음을 말하고 있다.

흔히 "칠백 리 낙동강"이라고들 말하지만, 사실 강 길이 5백 킬로미터가 넘으니 1천2백 리에 이르는 남한에서 가장 긴 강이요,[2] 그

유역의 면적만 해도 남한 땅 4분의 1을 차지하여 영남지방의 거의 전역을 넓게 적시는 강이 바로 낙동강이다.

낙동강은 예로부터 변한과 진한, 가야와 신라를 나누었고, 경상도를 좌·우도로 나누었던 역사의 강이다. 그래서 낙동강 본류를 사이에 두고 서쪽과 동쪽에서 발굴되는 문화재들도 서로 대조를 이룬다.

태백산 황지에서 발원하고 가야와 신라를 나누며 흘렀다

가령 낙동강의 동쪽에서 나온 토기를 경주 토기 또는 신라 토기라 부르고, 그 서쪽 땅에서 나오는 토기를 가야 토기라고 부르기도 한다. 말하자면 낙동강 본류를 중심으로 서쪽은 대체로 변한에 속한 부족국가 12국, 동쪽은 진한에 속한 부족국가 12국이 일어났고, 이 나라들이 뒷날 다시 가야 여섯 나라와 신라로 나누어지게 된 것이다.[3]

경주(慶州)와 상주(尙州)의[4] 머리글자를 딴 '경상도(慶尙道)' 라는 이름의 '경상' 이 처음 등장하는 것은 1106년(고려 예종 1)이며, 이것이 '경상도' 로 굳어진 것은 1314년(충숙왕 1)이었고, 1407년(태종 7)에는 군사상의 이유로 낙동강을 경계로 좌·우도로 나누기도 하였던 것이다.[5]

> 자단향 코를 에는 봉화 태백산
> 절묘한 목단봉에 신비한 황지(黃池)
> 그 중에 기이할 손 공연(孔淵) '뚫은 내'
> 솟쳐서 부푼 것이 낙동강 근원.

태백시 구무소

이것은 육당 최남선의 〈조선 유람가〉 가운데 한 구절이다.

여기서 황지(黃池)는 강원도 태백시 황지동에 있는 못으로서 낙동강의 원류가 되며, 황지의 물은 태백시 동점의 공연(孔淵), 곧 구무소(구멍소)를 지나 낙동강으로 흐르게 된다. 낙동강 발원지가 되는 황지는 조선 왕조 때부터 성역으로 일컫던 곳이다. 가뭄이 들면 관원이 내려와 기우제를 지내던 곳이요, 또 민간에서 이 물 색깔로 수색점(水色占)을 치는데, 물 색깔이 쪽빛에 희뿌연 우윳빛이 섞이면 풍년이 들고, 붉은 색이 섞이면 흉년이 든다고 하였다.[6] 한편 황지 못의 물이 끓기면 왜적이 쳐들어온다는 속설이 전해지기도 하였다. 《선조실록》에는 1571년 낙동강 상류의 물줄기가 끊겼다는 경상감사의 장계가 있고, 그 뒤 임진왜란이 일어난 것을 바로 이 '낙동강 상류의 절류'가 예고한 것으로 보았다.7)

한 줄기 낙동강 물에 조국의 운명을 걸어 놓고 자유와 정의를 수호하느냐, 노예와 사막의 구렁에 빠지느냐? 피가 끓고 살이 튀는 화랑정신의 아름다운 전통은 이 지역의 전투에서 생생하게 아로 새겼다.

경상북도 칠곡군 가산면 다부동에 있는 전적비에 새겨진 글의 일부이다. 낙동강은 우리 현대사를 피로 얼룩지게 한 6 · 25전쟁을 가장 격렬하게 치러낸 강이기도 하다. 남한 땅을 공산군으로부터 지키려는 마지막 방어선이 바로 낙동강 방어선(워커라인)이었으며, 우리 국군과 미군은 낙동강과 그 언저리에서 한 달 가까이 격전을 치르면서 낙동강을 붉은 피로 물들였던 것이다. 그 싸움에서 공산군은 지리멸렬하였고, 아군은 반격하여 서울을 비롯한 국토를 수복하게 되었으니, 이 강변에서의 한 판 싸움이 풍전등화의 나라를 살리고 조국 번영의 밑거름이 되었던 것이다.

강을 살리는 것은 대자연법이며, 생명의 법 따르는 것

영남의 큰물은 낙동강인데 크고 작은 하천이 일제히 모여 들어 물 한 방울도 밖으로 새어나가는 것이 없다. 이것이 바로 여러 인심이 한데 뭉치어 부름이 있으면 반드시 화답하고, 일을 당하면 힘을 합하는 이치이다. ……풍기가 모여 있고, 흩어지지 않았으니 옛날 풍속이 아직도 남아 있고, 명현이 배출되어 우리나라 인재의 부고(富庫)가 되었다.

—이익,《성호사설》가운데.

성호(星湖)의 이 글은 낙동강의 인문지리적 성격을 가장 잘 설명한 것으로 보인다. 신라문화의 요람인 낙동강에 견주어 옛 백제의 강은 어떤가. 한강 · 금강 · 만경강 · 영산강 · 섬진강 등이 저마다 물을 모아 각기 제 갈 곳으로 흘러 들어가니, 뭇 물줄기를 한 곳으로 모아 흐르는 낙동강과 비교될 수가 없다. 말하자면 강물의 아우름, 인물의 결집으로서 낙동강은 곧 영남지방을 하나로 묶는 결속(結束)의 강이라고 할 수 있다,

마지막으로 이제 낙동강의 오염 문제를 이야기할 때다.

내 사랑의 강!
낙동강아!
칠백 리 굽이굽이 흐르는
내 품속에서
우리들의 살림살이는 시작되었다.
그리하여 너와 함께
길이길이 살 약속을
오목 조목 산비탈에 깃발처럼 세웠다.

낙동강 하구의 철새들

김용호 시인이 쓴 장시 〈낙동강〉의 일부이다.

전국의 강물이 중병을 앓고 있지만 낙동강도 역시 중환자실에 입원, 치료를 받아야 할 강이다. 이 강줄기에 사는 약 1천만에 이르는 주민들의 젖줄이자 농업용수, 공업용수 공급원으로서의 낙동강이 오염되어가고 있는 것은 어제 오늘의 일이 아니기 때문이다.

등이 굽어진 물고기, 강으로 스며드는 공장폐수, 축산폐수와 농

약 · 중금속들, 떼죽음 당하는 재첩, 옛말이 되어가는 을숙도의 철새군락지, 자취를 감춘 은어와 게와 새우와 조개 등 지역에 따라 각종 오염 현상이 나타나면서 낙동강의 생태계가 파괴되고, 환경문제가 심각하게 제기되고 있는 것이다.

인류 문명을 꽃피워 준 강물에다가 문명의 뒤처리(도시화, 산업화, 개발화의 쓰레기)를 맡겨서는 안 된다. 아직도 낙동강을 '낙똥강' 이라고 내뱉는 강변 피해자들의 애타는 심정을 정부가 심각하게 받아들여야 한다.

모든 물은 돌고 돌며 바다로 모여든다. 물은 수증기로, 안개로, 얼음으로, 눈으로, 비로, 우박으로, 구름으로 바뀌면서 끊임없이 순환하고 치유한다. 그리고 그 순환의 모체는 바다이다. 무수한 물방울이 모여 개울을 이루고, 개울이 모여 강이 되고, 수많은 강들이 바다로 흘러들어 간다. 바다는 모든 것을 받아들여 순환하되, 어떤 '개(個)' 도 포용하는 완벽한 대원융(大圓融) - 대자연법을 이룬다. 인간도 역시 자연의 예외가 아니다. 강을 살림으로써 대자연에 순응하고, 자연과 일치하는 것이야 말로 평범하면서도 가장 지순한 '생명의 법' 이다.

강은 인류의 문화와 생명의 원천.

물에 인류의 미래가 달려있듯이, 낙동강 물에는 영남의 미래, 이 나라의 미래가 달려있다.

---

1) 이긍익, 《연려실기술》(민족문화추진회, 고전국역총서 11, 1988), 189~190쪽. 여기서 '배류 3대강'이라 한 것은 강물이 왕성을 등지고 남쪽으로 흐르기 때문이다.

2) 낙동강의 정확한 길이를 표시하지 않은 것은 그 발원지나 하류의 끝 지점을 어떻게 보느냐 하는 것과 계측 방법에 따라 차이가 생기기 때문이다.

3) 뿌리 깊은 나무, 《한국의 발견》 경상북도, 낙동강, 231~235쪽.

4) 상주는 원래 부족국가시대 사벌국이었고, 신라에 병합되어 사벌주가 되었다가 신라의 맨 위쪽이므로 상주(上州)가 되었고, 다시 경덕왕 때 상주(上→尙)로 고쳤다.

5) 동쪽은 경상좌도, 서쪽은 경상우도라 하였는데, 여기서 좌우의 구분은 서울(궁궐)에서 남쪽을 바라보았을 때를 기준으로 한다.

6) 황지 못의 장자 설화(인색한 장자의 집터가 연못으로 변한)는 생략함.

7) 뿌리 깊은 나무, 앞의 책, 231~235쪽.

수원시와 화성 성곽

수원과 정조 임금과 화성은 셋이 아닌 하나

水原市 華城

사도세자 묘소 이장과 함께 옮겨진 화성유수부

모든 도시는 그 자체로서 역사이고 전통이며, 문화여야 한다. 그리하여 그 도시만의 개성과 이미지와 분위기를 지녀야 한다. 수원은 어떤 도시일까?

수원의 도시 성격을 몇 가지로 요약해서 정리해 보면, 수원은 성곽(城郭)[1]의 도시이자 효원(孝園)의 도시, 문화와 과학을 아우르는 사통팔달의 도시, 그리고 물의 도시라고 말할 수 있다.

수원은 조선왕조의 탁월한 계몽 군주이자 개혁 군주였던 정조 임금이 심혈을 기울여 이룩한 '성곽(城郭)의 도시'요, 이 성곽의 건설에는 그 부친 사도세자(思悼世子)의 죽음으로 말미암은 절절한 비원(悲願)이 담겨있으니 '효원(孝園)의 도시'이다. 또 수많은 역사 문화 유적과 자랑스러운 전통이 살아 숨쉬고 있는 '문화의 도시'요, 대학자 정약용[2] 등 당대의 실학사상이 담겨 있고, 또 우리나라 농업 발전을 이끌면서 생명공학을 아우르는 '과학의 도시'이다. 그리고 '수원(水原)'이라는 이름 그대로 '물의 도시'(이 점에 관하여는 따로

불타기 전의 수원 화성 서장대

설명할 것이다)라는 점을 내세울 수 있다.

우리나라 성곽의 백미(白眉)라고 할 수 있는 화성은 러시아의 페테르부르크, 미국의 워싱턴 DC와 비슷한 시기인 1796(정조 20)년에 건설되었다. 이 공사에 투입된 건설자재, 인부, 비용, 공사 방법, 공사 진행 과정 등을 이 잡듯이 자세하게 적어놓은 《화성성역의궤(華城城役儀軌)》는 전 세계적으로도 그 유례를 찾아볼 수 없을 정도로 상세한 축성보고서로서 화성의 건축물과 축성의 가치도 중요하지만, 그 정밀한 보고서가 높게 평가되어 1997년 12월 세계문화유산으로 등록된 것이다.

뭇 장정들이 힘을 합치고 여러 공장(工匠)들이 앞서서 일하여 이 길고 넓고 우뚝한 성을 쌓아, 길이 억만 년에 천지가 다하도록 선침을 호위하고 행궁을 보호하며, 서울의 날개가 되어 엄연히 기보(畿輔)의 큰 진(鎭)이 되게 하였으니, 이것은 한꺼번에 네 가지 아름다움이 갖추어진 것이다. (원문 생략)

이것은 1797년(정조 21) 판중추부사 김종수가 지은 〈화성기적비(華城紀蹟碑)〉에 나오는 글이다.[3] '화성(華城)' 은 좁은 의미로 길이 5,744미터의 성곽과 130여 헥타르의 성 안을 뜻하기도 하지만, 넓은 의미로는 수원 지역 관청과 도로, 저수지, 둔전 등 유형 · 무형의 문화유산을 통칭하는 이름이다.

곧 1789년(정조 13) 서울 동대문구 전농동 배봉산에 있었던 사도세자의 묘소 영우원(永祐園)을 팔달산(顯隆園)으로 이름을 바꾸어 수원 고을의 관아가 있던 태안읍 안녕리 화산(花山)으로 옮겼다. 그리고 그 부근의 관아를 현재의 수원시 팔달산 동쪽으로 옮기고, 1793년 수원부를 화성유수부로 승격시켰으니 '화성' 이라는 이름은 유수부의 관청까지 포함하게 된 것이다.

화성, 우리나라 성곽의 꽃, 동양 축성사의 명작

앞에 인용한 글에서 화성은 "한꺼번에 네 가지의 아름다움이 갖추어진 것" 이라 하였다. 화성이 단순히 임금의 행궁만을 위한 축성이 아니다. 이 성을 쌓음으로써 화산의 현륭원을 지키고, 새로 이전된 수원부(화성유수부)의 읍치(邑治)와 관아 건물을 보호하는 동시에,

중요하게는 남쪽에서 올라오는 왜적으로부터 수도 서울을 지키는 요새의 구실을 겸하게 한 것이니 그 의미가 참으로 큰 것이다.

화성은 진정 우리나라 '성곽의 꽃' 이다. 아니 우리나라뿐만 아니라 동양의 축성사에서 한 획을 긋는 희대의 명작이라 할 만큼 귀중한 문화유산이다. 그래서 이 성에 딸린 중요한 시설물을 모두 요약 · 정리해 보았다.

ㅁ 화성 4대문

동서남북 4대문이 모두 남아 있다. 장안문(長安門; 북문), 팔달문(八達門; 남문, 보물 402호), 화서문(華西門; 서문, 보물 403호), 창룡문(蒼龍門; 동문)이라 한다. 북문이자 정문에 해당하는 장안문은 서울의 남대문보다 더 크게 쌓은 문루이다.

ㅁ 2개 수문(水門)

수원천 위에 놓인 문이다. 화홍문(華虹門; 북수문), 남수문(南水門)은 수해로 유실되었다.

ㅁ 4개 암문(暗門)

정문이 아닌 성의 비밀 문이다. 서남암문, 서암문, 북암문, 동암문.

ㅁ 4개 각루(角樓)

정찰과 군량 운반 등 다용도의 누대이다. 방화수류정(訪花隋柳亭; 동북각루), 화양루(華陽樓; 서남각루), 동남각루, 서북각루.

ㅁ 2개 장대(將臺)

군사지휘본부이다. 서장대, 동장대.

□ 2개 공심돈(空心墩)

장거리 관측소이다. 동북공심돈, 서북공심돈.

□ 2개 노대(弩臺)

쇠뇌를 쏠 수 있게 만든 곳이다. 서노대, 동북노내.

□ 2개 적대(敵臺)

적의 동태와 접근을 감시하는 곳이다. 북동적대, 북서적대.

□ 5개 포루(舖樓)

치성(雉城) 위에 설치된 건물이다. 서포루, 북포루, 동북포루, 동일포루, 동이포루.

□ 5개 포루(砲樓)

중화기, 곧 포를 배치한 곳이다. 남포루, 서포루, 북포루, 북동포루, 동포루.

□ 1개 봉돈(烽墩)

정보 전달을 위한 봉수대이다. 1개의 봉수대에 5개의 화두(火頭)가 있다.

□ 10개 치성(雉城)

성벽에 돌출하여 적의 접근을 막는 방어상의 시설이다. 서일치, 서이치, 서삼치, 남치, 동일치, 동이치, 동삼치, 북동치, 서남일치, 서남이치.

수(壽), 부(富), 다남(多男) 보다, 덕을 강조하여 붙인 '화성'

그런데 이 '화성(華城)' 이라는 이름은 어떤 까닭으로 붙여지게 되었는지 살펴보자. 《조선왕조실록》제 39권에 따르면 1794년(정조 18) 1월 15일자에 성 이름을 화성이라 부르게 된 정조의 설명이 나온다.

…… 현륭원 있는 곳이 화산(花山)이고, 이 부(府)는 유천(柳川)이다. 화(華) 땅을 지키는 사람이 요(堯) 임금에게 세 가지를 축원한 뜻을 취하여 이 성의 이름을 화성(華城)이라 하였는데, '화(花)'와 '화(華)'자는 통용된다.[4] 화산의 뜻은 대체로 8백 개의 봉우리가 이 한 산을 둥그렇게 둘러싸 보호하는 형세가 마치 꽃송이와 같다 하여 이른 것이다. (원문 생략)

여기서 정조 임금이 설명한 '화봉삼축(華封三祝)'은 본래《장자》의 〈천지〉 편에 나오는 고사이다. 화봉인(華封人; 화 땅을 지키는 사람)이 요 임금에게 세 가지를 축원하였는데,

"성인에게 축원하오니 오래 사십시오."하니 요 임금은 "싫다" 하였다. 이에 화봉인이 "부자가 되십시오." 하니 다시 "싫다" 하였다. 화봉인이 다시 "자손을 많이 두십시오." 하니 역시 "싫다" 하였다. 이에 화봉인이 "수(壽), 부(富), 다남(多男)은 모든 사람이 바라는 바인데, 혼자서 마다하는 까닭이 무엇입니까"? 하고 물었다. 그러자 요임금이 대답하기를 "다남은 걱정이 많고, 부는 일이 많으며, 수는 욕됨이 많다. 따라서 이 세 가지는 덕을 기르는 까닭이 아니다"고 하였다. (원문 생략)

정조 임금이 '화성'이라는 이름을 붙인 것은 이 고사를 취하여, 이곳이 덕이 넘치는 고을이 되라는 뜻으로 붙였던 것이다.[5]

앞에서 '화(華)'-'화(花)'가 서로 통용되는 글자임을 언급하였는데, 수원·화성 지역에는 '화(花)' 또는 '고지'가 붙은 법정리명(法

定里名)이 10여 개나 되고, 자연 지명까지 아우르면 30개가 넘는다. 이 '화(花)'는 바닷가나 들 가에 많이 쓰이고 있는데, 산이나 반도가 튀어나와 곶(串)-고지(cape)를 이루는 곳으로서, 고지〉곶〉꽃=화(花)로 표기된 것이며, 현륭원이 있는 화산(花山)도 '곶뫼(串山)'가 화산(花山)이 되고, 다시 화(花)=화(華)의 예에 따라 화성(華城)으로 명명(命名)된 것이다.[6)]

이처럼 역사적으로 뜻 깊은 이름 '화성'이 '수원성'으로 바뀐 것은 일제가 한국을 아우른 1911년부터이다. 이때부터 '수원부성', 혹은 '수원읍성' 또는 '수원성'으로 바뀌어 사용되었고, 그 이름이 최근에는 유네스코 세계문화유산 등록신청이나 '수원성 축성 200주년 기념우표', 그리고 초 · 중 · 고등학교 국정교과서나 각종 지도에도 실리게 되었던 것이다.

이렇게 잘못된 이름을 원래의 '화성'으로 바로잡은 사람이 서지학자 고(故) 이종학(李鍾學) 선생이다. 그는 일본까지 드나들면서 독도에 관한 각종 문헌자료를 모아 독도박물관을 세웠고, 사예연구소를 만들어 잘못된 역사를 바로잡기 위하여 애썼던 분이다. 당시 문화재관리국을 비롯하여 청와대, 교육부, 각 방송국, 신문사 등 관련되는 곳마다 〈'화성' 바로잡기〉를 위한 청원서를 제출하였고, 마침내 1996년 12월 28일 문화재관리국이 '수원성→화성'으로 관보에 정정 공시하면서 본래의 이름을 되찾게 된 것이니, 이 모든 것이 순전히 이 선생님의 노력의 결과인 것이다.

매홀(買忽)=물골과 수원(水原)=물벌의 인연

마지막으로 수원은 '물의 도시' 이다. '수원(水原)' 이라는 이름 그대로인 것이다. 《삼국사기》 〈지리지〉 에는,

水城郡 本 高句麗 買忽郡 景德王 改名 今 水州

라 하였다. 원래 고구려 매홀군인데 신라 경덕왕 때 수성군으로 고쳤으며, 지금은(고려 때) 수주라 한다는 것이다. 여기서 '수성=매홀' 로 보면, 수(水)=매(買)이며, 홀(忽)=성(城) 또는 주(州)가 되는데, 매홀(매골)=물골=수성(수주)이 되며, 매(買)=물(水)임을 알 수 있다.

이 물을 뜻하는 '매' 가 수원·화성 지역에서 사군자의 하나인 '매(梅)' 로 변하여 여러 곳에 분포하고 있는데, 그 가운데 법정 지명만 보아도 매교동(梅橋洞), 매산동(梅山洞), 매향동(梅香洞), 매탄동(梅灘洞)(이상 수원시), 매송면(梅松面), 매화리(梅花里), 매곡리(梅谷里), 매향리(梅香里)(이상 화성시) 등 8곳이나 된다.

이들의 대부분이 물을 뜻하는 옛 말 '매(買)' 의 흔적으로서 물골=수원의 물을 증언하는 이름으로 보는 것이다.[7]

옛날 물골이었던 수원은 지금도 여전히 '물의 도시' , 또는 '호반의 도시' 라는 전통을 지키고 있다. 수원시 안에 있는 저수지만 하더라도 유명한 서호(西湖)를 비롯하여, 원천저수지, 신대저수지, 광교저수지, 일왕저수지, 일월저수지, 밤밭저수지 등이 있어서 우리나라 어느 도시보다도 수원(水原)=물벌이 넓다는 점은 참으로 명불허전

(名不虛傳)임을 일깨워 준다.

정조와 수원과 화성

정조는 호를 '홍재(弘齋)'라 하였고,[8] 또 '만천명월주인옹(萬川明月主人翁)'이라 자호(自號)하였다. 여기서 만천명월주인옹의 뜻은 수많은 냇물을 비추는 밝은 달과 같은 존재로, 이는 국왕의 의미를 상징한 것이다.

1800년(정조 24) 한창 일할 나이인 49세에 갑자기 종기가 도져서 돌아갔다고 하는데, 과연 이것을 진실로 믿을 사람이 얼마나 될까. 왕이 죽기를 기다렸다는 듯이 사도세자를 죽음에 이르게 한 노론의 벽파가 정권을 장악(수렴청정)하고, 이후 철종조에 이르기까지 3대 60여 년 동안의 세도정치가 시작되기 때문이다.

우리 역사 속에 정조만 한 현군(賢君), 개혁 군주가 얼마나 있었을까?

백성을 부역으로 동원해서 성을 쌓은 것이 아니라, 모든 인부들에게 임금을 지급케 한 사실, 혹한기에 공사를 멈추게 한 일, 인부들의 질병을 예방케 한 일, 노인들을 모아 잔치를 베풀고 위로한 일 등등 그의 인간적인 면모를 엿볼 수 있는 수많은 이야기가 있지만 그런 일 보다도 우리가 꼭 기억해야 할 것이 있다.

연산군은 그의 생모(폐비 윤씨)의 죽음에 대한 보복으로 조정에 피바람을 불러일으켰는데, 정조는 부친의 비참한 죽음에 대한 한을 오로지 화성 축성과 어머니 혜경궁 홍씨에 대한 효도로 승화하였다는 점이다.

우리에게 세계문화유산인 '화성(華城)' 을 남겨주고, 인류의 첫 번째로서 효를 몸소 실천한 정조 대왕. 수원과 정조와 화성은 셋이 아닌 하나이며, 수원의 화성 성곽은 정조의 육신으로 보이기도 한다.

---

1) '성곽(城郭)의 성(城)은 내성(內城), 곽(廓)은 외성(外城)을 말한다.

2) 수원의 화성 축성에는 유형원의 실학사상과 정약용의 축성 설계, 곧 〈성설(城說)〉, 〈옹성도설(甕城圖說)〉, 〈기중도설(起重圖說)〉 등 7편이나 되는 글을 올렸으며, 그가 만든 거중기의 이용 등 당대의 실학적 지식이 모두 망라되었다.

3) 수원시, 《수원화성 행궁》, 2003, 60쪽.

4) 가령 경기도 포천의 운악산 별호인 화산(花山)은 '화산(華山)' 으로도 쓰고 있으며, 가평군의 '화악산(華嶽山)' 도 '화악산(花嶽山)' 으로 병용되는 등 그 예가 많다.

5) 이종학, 《화성 제 이름 찾기까지》, 사예연구소, 1999, 11쪽.

6) 천소영, 〈수원의 어원〉, 《수원지명총람》, 수원시, 1999, 55쪽.

7) 수원시, 앞의 책, 55쪽.

8) 정조가 쓴 편액 〈홍우일인재(弘于一人齋)〉는 "국왕 한 사람으로부터 미루어 넓혀나간다"는 뜻이며, 이 뜻을 따서 호를 '홍재' 라 한 것이다.

부여군 낙화암과 백화정

'낙화암 삼천 궁녀'는 장한가(長恨歌)의 '후궁 삼천' 인용

落花岩 百花亭

궁녀들이 꽃처럼 떨어진 낙화암, '백제의 꽃'이 진 백화정

부소산은 산이라기보다 강(岡)이다. 산에 기와 조각이 한 벌 깔렸다. 그날 밤 화염에 튄 것이다. …… 그때에 영화의 꿈에 취하였던 궁궐이 온통 경황하여 울며불며 엎드러지며 자빠지며 저리 굴고 하던 양, 꽃같이 아름답고 세류같이 연약한 수백의 비빈(妃嬪)이 흑연(黑煙)을 헤치고 송월대의 빗긴 달에 낙화암으로 가던 양, 숫고개와 수사자로 폭풍같이 밀려드는 나당 연합군의 승승한 고함소리가 귀를 기울이면 들리는 듯하다.

—이광수, <반도 강산> 가운데서.

서기 660년 7월 18일. 숯고개를 넘어 황산벌에서 백제의 5천 결사대를 무찌른 김유신의 신라군과, 당나라 소정방이 거느린 13만 대군이 황해를 건너고 금강을 거슬러 백제의 수도 사비성을 공격하니 성은 마침내 함락되고, 5방 37군 7백여 성 76만여 호를 거느린 백제는 7백여 년의 막을 내렸다.

부여 낙화암(뒤는 백화정)

사비성이 무너질 때 아비규환의 피바다 속에 도성은 7일 밤 7일 낮 동안 철저히 불태워졌다. 무지막지하게 파괴당하여 지상에 버티고 서서 남은 것은 당나라 장수 소정방이 제 공적을 새긴 5층 석탑 하나뿐이었으니 그 참상을 어찌 붓끝이나 말로 그려낼 수 있을 것인가.

소정방은 8월 17일 의자왕을 비롯한 왕자 4명, 대신 93명, 그 밖에 남녀 포로 12,807명을 배에 태워 당나라로 끌고 돌아갔다. 이렇게 멸망한 백제 최후의 비극을 가장 처절하게 보여 준 곳이 바로 부여 낙화암(落花岩)이다.

금강이 부여에 이르면 백마강(白馬江)[1]으로 불리는데, 그 백마강에 천야만야하게 솟은 벼랑을 낙화암이라 하고, 그 바위 위에는 '백화정(百花亭)' 이라는 정자가 서 있다. '낙화' 는 꽃이 진다는 뜻이니, 그때 당나라 군사들에게 쫓기던 궁궐의 부녀자들이 이곳에서 강물로 뛰어 내렸기에 붙여진 이름이요, 백화정의 '백화' 는 그때 순절한 여인들을 '백제〔百〕의 꽃(花)' 으로 비유한 것이다.

'낙화암' 이라는 이름을 가진 곳은 전국적으로 10여 곳쯤 된다.[2] 모두 여인들이 뛰어 내려(혹은 떨어져) 죽은 곳으로서 한결같이 애절한 사연을 지닌 곳들이다.

> 강물에 씻기운 옛 사람의 울부짖음
> 마을의 옛 이름이 적힌 기왓장
> 몇 조각 아직 잠들지 못하고
> 천년 들길을 헤매일 것이다.
> 아무도 육백육십일 년의 전쟁을
> 본 사람은 없지만 또한 아무도
> 그 싸움을 잊은 사람도 없으리라.

이것은 '최후의 백제인' 으로 통하였던 부여 출신 고 홍사준 씨의 글이다.

매서운 백제 여인의 정절과 비교되는 백제 왕실의 치욕

그런데 흔히 '삼천 궁녀' 로 알려진 낙화암의 비극에서, 백제 말기 의자왕의 궁녀 수는 분명 후대에 과장된 것으로 보아야 한다.

백제 멸망 당시에 나타났다고 하는 이상한 징조들과 함께 3천 궁녀는 백제 멸망을 필연(必然)의 역사로 돌리려는 후대의 과장으로 볼 수밖에 없다. 가령 조선왕조 때에도 궁녀의 수가 1천 명을 넘었다는 기록이 없다. 중국에서 황제의 경우에도 공식적으로는 일후(一后), 육궁(六宮), 삼부인(三夫人), 구빈(九嬪), 이십칠세부(二十七世婦), 팔십일어처(八十一御妻)를 거느렸다고 하니(물론 궁녀를 제외한 것이다) 그 숫자는 127명에 불과하다.[3)]

여기서 후궁 '삼천' 이라는 숫자는 중국 당나라 시인 백거이(白居易)의 유명한 〈장한가(長恨歌)〉에서 비롯된 것으로서, 이 시가 워낙 유명하여 널리 애송되었으므로 이곳 낙화암의 전설에도 인용된 것으로 보인다.

> 밤낮 없는 잔치로 상감을 환락에 사로잡고서
>
> 봄 따라 봄에 놀고 밤마다 상감을 독차지하니
>
> 후궁에 아릿다운 궁녀가 삼천 명이 있으되
>
> 삼천 명에게 베풀 사랑 한 몸으로 받았네.

承歡侍宴無閑暇 春從春遊夜專夜

後宮佳麗三千人 三千寵愛在一身

이것은 당나라 현종과 양귀비의 사랑을 노래한 것인데, 양귀비가 현종이 거느린 3천 궁녀에 대한 사랑을 혼자서 독차지하였다는 내용이다.

그러므로 백제 의자왕 대에 3천 궁녀가 낙화암에서 강물에 떨어져 죽었다는 것은 백낙천의 시를 인용한 것으로 보이는데, 가령 '삼천대천세계' 니, '삼천리강토' 니, '삼천포' 와 같은 이름에서 볼 수 있듯이, '삼천' 이라는 말은 많은 숫자를 뜻하면서 우리 입에 익은 말이기 때문이다. 특히 근래에 발굴되고 있는 부여의 백제 궁궐터 규모를 감안하더라도 '삼천' 이란 숫자는 터무니없는 것이다.

백제의 의자왕과 귀족들은 당나라로 끌려가서 천수를 누리다가 죽어 낙양성 북망산에 묻혔다고 한다. 그러나 백제 왕실의 많은 부녀자들과 궁녀들은 적군에 몸을 더럽히지 않으려고 천길 벼랑에서 몸을 던져 매서운 백제 여인의 정절을 보여주었다.

자결은커녕 적국에 무릎을 꿇고, 술잔을 바치는 치욕을 감수하면서 당나라로 끌려가 욕된 목숨을 부지하였던 왕과 귀족들을 어찌 낙화암의 여인들과 비교할 수 있으랴. 이 여인들이야말로 진정 백화정(百花亭)의 '백화—백제의 꽃' 인 것이다. 그래서 부여에서도 특히 낙화암을 찾는 이가 많은 것은 이곳 벼랑에 올라서면 백제 여인의 서릿발 같은 정절이 느껴지기 때문이다.

1) 백마강이 《일본서기》에는 '백촌강(白村江)' 으로 나오는데, 이것은 '흰 말' 과 '흰 마을' 의 차이로서 같은 이름이며, 백마강을 '백강', '사자수', '사비수' 라고도 불렀다. 국어학계는 '백(白)' 의 훈을 '숩' 으로 풀이하고 있으며, 바로 소부리의 다른 표기라고 본다.
2) 경기도 파주 법원의 낙화암(고려 윤관과 곰이), 전남 해남 현산의 낙화암(중국 사신들의 부인), 강원 영월의 낙화암(단종임금의 궁녀), 경북 영주시 부석 낙화암(고을 원과 기생) 등이 있다.
3) 이규태, 《한국인의 성과 사랑》, 문음사, 1985, 245쪽.

무주군 적상산과 양수발전소

사고(史庫)터가 수고(水庫)로 된 오행 상생의 현장

赤裳山

적상산은 왕조실록과 왕실 족보 수호하던 '나바론의 요새'

아름답도다. 산악의 굳셈이여!

이는 나라의 보배로다.

이 글은 고려 공민왕 때 최영 장군이 제주도에서 일어난 목호(牧胡)의 난을 토벌하고 돌아오는 길에 적상산에 올라 산을 칭송한 말이다.

적상산은 바위가 성을 쌓아놓은 듯이 천연의 요새를 이루고 있어서 난공불락의 '나바론 요새'와 같은 산이다. '덕이 넉넉하다'는 뜻을 지닌 덕유산(德裕山) 최고봉인 향적봉(香積峰; 1614미터)에서 북쪽으로 거슬러 올라가면 덕유산 국립공원의 끝자락이 되는 곳에 있다.

높이 1,034미터의 '적상산(赤裳山)'은 산을 둘러싼 바위가 붉은 빛을 띠고, 또 가을이면 단풍이 온 산에 물들어 마치 붉은 치마를 두른 것 같으므로 '치마 상(裳)' 자를 붙여 적상산이라 불렀다고 한다.

적상산과 무주호

1374년 최영 장군의 건의로 쌓은 적상산성은 조선 초 무학대사가 '삼재불입지처(三災不入之處)'라 하여 최상의 길지(吉地)로 꼽았던 곳이며, 바로 이런 지리적 요충인 점에 착안하여 《조선왕조실록》을 보관하는 사고가 된 것이다.

조선왕조는 원래 태조 때 춘추관과 충청도 충주에 실록 보관소를 두었다가 1439년(세종 21) 경상도 성주, 전라도 전주에도 사고를 설치하여 모두 4곳에 역대 실록을 보관하였다. 그러나 임진왜란(1592년)으로 세 곳의 사고가 불타고 유일하게 전주사고본만 남게 되었다.[1] 이에 조정은 1606년(선조 39) 다시 실록을 간행하였으며 1614년(광해군 6) 실록각을 지었다. 그리고 전란의 경험에 미루어 춘추관 외에 강원의 오대산, 경북 봉화의 태백산, 강화도의 마리산, 무주 적상산 등 5개 사고에 보관케 되었다.

적상산에 복원된 사고

그런데 춘추관 사고본은 1624년(인조 2) 이괄의 난과 삼 년 뒤 병자호란으로 불탔고, 태백산 사고본은 조선총독부를 거쳐 현재는 정부기록보존소(부산지사)에 보관되어 있으며, 마리산 사고본은 서울대학교 규장각에, 오대산 사고본은 일제 때 일본으로 반출되어 동경대학교에서 보관하다가 관동 대지진으로 대부분 소실되었고, 이곳 적상산 사고본은 6 · 25사변 때 북한군이 북으로 옮겨가서 현재 김일성 종합대학에 보관중이라고 한다.[2)]

이 적상산 사고가 조선왕조 때 특히 중요시 되었던 것은 이곳이 역대 실록뿐만 아니라 왕실의 족보인 〈선원록(璿源錄)〉도 함께 보관하던 곳이기 때문이며, 이 사고를 지키고자 승병과 군병 약 9백여 명이 주둔하였던 것이다.

한편 병자호란 때는 강화도가 함락되어 마리산 사고본의 일부가 훼손되었으므로 조정에서 유생 3백여 명을 뽑아 적상산 안국사로 보내고, 이곳에 보존된 실록을 베껴서 보충하기도 하였다. 이 적상산 사고는 해발 870미터의 고원지대로서, 이곳에 실록을 보관하던 사고터와 왕실 족보를 보관하던 선원보각, 그리고 승려들이 상주하던 안국사가 있고, 그 주위로 적상산성이 둘러싸고 있었다.

물과 불, 극과 극이 화합한 상생(相生)의 현장

그러나 1992년 무주에 양수발전소 댐이 축조되면서 이곳의 모든 유적이 물에 잠기게 되었으며, 적상산에 있던 사고와 선원각을 호수 위쪽에 복원하였다. 말하자면 적상산은 '사고(史庫)'가 아닌 '수고(水庫)'로 변한 셈이다. 어떻게 이곳 험한 적상산 위에 마치 한라산 백록담이나 산정호수를 연상케 하는 호수가 생기게 된 것일까?

중남부권의 부족한 전력을 공급하기 위하여 1988년부터 적상산 아래 무주호를 만들고, 적상산의 해발 870미터 고원에는 적상호라는 인공호수를 만들었다. 그리고 무주호의 물을 전기 수요량이 적은 심야에 적상산 위의 호수로 끌어 올린다. 이렇게 저장된 물은 직경 5.5미터의 수압관로를 타고 높이 579.5미터 낙차를 이용하여 아래로 떨어지면서 거대한 지하발전소 수차를 돌리게 되고, 여기에서 60만 킬로와트(30만×2기)의 전력이 생산되는 것이다.

그러므로 사고터인 적상산 고지는 이제 348만 6천 톤을 저장하는 수고(水庫－적상호)가 되었고, 발전 때에는 초당 65톤의 물이 산 아래로 떨어져 640만 톤을 저장하는 무주호의 물로 순환하고 있다.

이 적상호는 행정구역상 전라북도 무주군 적상면 북창리(北倉里)에 속한다. 북창리는 본래 적상산성 북문 근처에 옛 창고가 있어서 생긴 이름이라고 한다. 이곳에 왕조실록을 보관하던 창고(倉庫),[3] 곧 사고가 있었으니 '창' 자와 인연이 깊으며, 또 지금은 발전용 물을 보관하는 저수지, 곧 수고(水庫)가 되었으니 역시 북창리라는 이름과 그 내력이 서로 통하고 있는 것이다.

그런데 여기서 생각나는 것이 물〔水〕과 불〔火〕에 관한 오행설(五行說)이다. 오행설에서 물은 '수극화(水剋火)'로서 불을 이긴다. 그런가하면 "음인 물은 낮은 곳으로 향하며 적시고, 양인 불은 위로 오르며 태운다"고 풀이한다. 이곳 적상산에서는 오행상극의 논리대로 물이 불을 이긴다는 차원이 아니다. 그것을 뛰어넘어서 물이 불(전기)을 만들어내는 오행상생의 논리가 작용하고 있는 것이다.

가령 흑과 백은 반대색이면서도 피아노 건반이 되어 음률로서 조화를 이루듯이, 극과 극은 서로 통하는 것인가 보다. 서로 어울릴 수 없는 물과 불인데도 이곳 적상산에서는 낮은 곳으로 향하는 물의 성질과 위로 타오르는 불의 성질이 결합하여 상생의 묘용을 보이고 있다.

불(전기)의 힘으로 적상산까지 물이 끌어올려지고, 이렇게 끌어올려진 물은 다시 낮은 곳을 향하는 물의 성질에 따라 벼락 치듯이 떨어져 내리면서 번개(전기-불)를 만들어내고 있기에 하는 말이다.

또 한 가지는 적상산의 '적(赤)'과 '상(裳)'이라는 글자가 암시하는 것이다.

오행설에서 적상산의 '적' 이 뜻하는 붉은 색은 오색(五色)의 하나로서 화(火), 곧 불의 색이다. 그러므로 적상산 고지에 저장된 물이 불을 만드는 이치와 서로 통한다. 한편 적상산의 '상' 은 여인의 치마를 뜻한다. 치마는 본래 여성의 성(性)을 상징하면서 생산과 풍요를 뜻한다. 이곳 무주 구천동 깊은 심심산골에서 생산되는 60만 킬로와트의 전력 생산은 무주지방을 풍요롭게 해주고 있으니 적상산의 치마가 생산과 풍요의 제 몫을 다하고 있는 것이다.

적상호는 발전소 건설 당시 거의 정상까지 개설한 15킬로미터의 포장도로가 있어서 승용차로 오를 수 있다. 최영 장군의 전설을 전해주는 장도바위라든지, 안렴대, 여러 폭포 등 곳곳에 뛰어난 풍광을 보여주는 곳이 많으며, 물과 불, 극과 극이 화합하여 이루어낸 오묘한 상생의 현장, 상전벽해(桑田碧海)의 현장이 되어 그 의미가 특히 남다른 곳이다.

---

1) 전주사고본은 임진왜란 때 정읍의 내장산으로 옮겼다가 다시 평안도 묘향산으로 옮겼다.
2) 사고에 보관된 《조선왕조실록》은 조선 태조－철종 때까지 25대 472년 동안의 기록으로서 총 1707권 1188책이며, 국보 제151호이자 1997년 세계문화유산으로 등록된 귀중한 문화재이다.
3) 창고의 '창(倉)' 과 '고(庫)' 의 용도에 대하여, 대개 국가나 고을 등의 관용 창고는 '창(倉)' 을, '고(庫)' 는 곳간이나 곳집에서 볼 수 있듯이 민간의 창고에 많이 사용되었다.

문경시 새재, 일심각과 윤씨열녀비

영남대로의 문경새재, 선비들 과거길의 상징

聞慶市 鳥嶺 一心閣

새재의 '새'는 조(鳥)-초(草)-신(新)-간(間)의 복합적 의미

> 아리랑 아리랑 아라리요. 아리랑 고개로 날 넘겨주오.
>
> 문경새재 물박달나무 홍두깨 방망이로 다 나간다.
>
> 홍두깨 방망이는 팔자가 좋아 큰 애기 손길로 놀아나네. ……
>
> —문경새재 아리랑

〈진도 아리랑〉을 들어보면 그 첫대목에 "문경새재는 웬 고개인가. 구부야 구부 구부가 눈물이로구나" 하는 사설로 시작된다. 그 문경새재에도 따로 아리랑이 있는데, 앞에 소개한 글이 〈문경새재 아리랑〉의 첫 대목이다.

'영남(嶺南)'이라는 지방 명칭도 바로 '조령(鳥嶺)의 남쪽'이라는 뜻이요, 이 고개를 넘어 경상도로 통하는 큰길을 조선시대에 '영남대로(嶺南大路)'라고 일컬었다. 곧 '새재'로 통하던 조령은 경상도에서 충주를 거쳐 서울에 이르는 교통의 요충지요, 중요한 길목이었

던 것이다.[1)]

여기서 잠깐 길의 크기(너비)에 따른 구분을 살펴보면, 《주례》에는 우마가 다니는 오솔길을 경(徑), 큰 수레가 다닐 수 있는 소로를 진(畛), 사람이 탈 수 있는 수레〔乘車〕한 대가 다닐 수 있는 길을 도(涂), 승차 두 대가 지나 갈 수 있는 길을 도(道), 승차 세 대가 나란히 갈 수 있는 길을 로(路)라고 구분하였으니, 옛날의 '로'는 길 가운데서 가장 넓은 길이었던 모양이다.

각설하고, 이처럼 문경새재는 나라 안에서 가장 넓은 길의 하나인 영남대로에서도 가장 큰 고개(통행량이 많은)요, 또 백두대간(白頭大幹)을 가로지르는 큰 고개라는 점에서 나라의 인후지지(咽喉之地), 곧 목구멍과 같은 요충지라고 할 수 있으며, 문경새재는 마치 고갯길의 대명사처럼 불리어 왔다.

그러므로 임진왜란 때 신립 장군이 천혜의 요새인 조령을 포기하고 충주 달천강에 배수진을 쳤다가 조령을 돌파한 고니시 유끼나가가 이끄는 왜적에게 크게 패함으로써, 그 뒤 왜적은 파죽지세로 한양에 입성하게 되었던 것이다.

그런데 왜 조령 또는 새재라고 부르게 되었을까? 새재의 '새'는 어떤 의미를 담고 있는 것일까. 글자 그대로 풀이해 보면, 날아다니는 새인데, 일본군이 '새 잡는 총'이라 하여 '조총(鳥銃)'으로 명명한 신식 무기로 무장하고 '새들도 날아 넘기 힘들다'는 사연을 지닌 조령을 넘었으니, 조령과 조총의 인연도 남다른 것 같다.

《신증동국여지승람》(1531)에는 '조령을 일명 초점(草岾)이라 한

문경 새재의 관문인 주흘관

다' 고도 하였는데, 초점은 문경현 초곡(草谷)이요, 그 일대가 지금의 문경읍 상초리(上草里; 우푸실), 하초리(下草里; 아래푸실)라는 이름으로 남아 있는 것이다. 그리고 '풀' 은 또 '새' 라고도 불렀으므로 억새가 많이 우거진 고개라는 뜻의 새재로 풀이할 수도 있는 것이다.

또한 옛 길인 계립령에 비추어 새로 닦은 고개, 신(새)고개의 뜻도 지닌 것으로 볼 수 있겠고,[2] 한편 계립령과 이유릿재(이화령) 사이에 놓인 고개, 곧 사이(샛)고개의 뜻으로도 풀이할 수 있으니, 문경새재의 '새'는 참으로 다양한 새〔鳥, 草, 新, 間〕재라는 것을 이해하여야 한다. 이것은 마치 서울 한강의 '한'이 큰(大), 하나(一), 은하수(漢) 등의 복합적 의미를 지닌 것과 같다.

영남대로의 문경새재가 특히 유명한 것은 이 길이 주로 영남 선비들의 과거길로 이용되었기 때문이다. 과거길에 오른 유생들이 주로 이용하는 고개가 영남과 충주 – 한양을 잇는 새재였으며, 그러기에 지금 문경새재 입구에 '영남 선비상'을 세워놓았다.

문경(聞慶) — 과거 본 영남 선비 '기쁜 소식' 듣는 곳

이처럼 과거길의 대명사로 알려진 문경새재를 이야기하다 보면 '문경(聞慶)'이라는 고을 이름도 반드시 되짚어 보아야 한다. 그리고 '문경'보다 먼저 생각나는 이름이 요즈음 중국 TV의 아침 종합뉴스인 '조문천하(朝聞天下)'라는 타이틀이다. '조문천하'란 "아침에 천하의 소식을 듣는다"는 뜻이다. 마찬가지로 '문경(聞慶)'도 "기쁜(경사스러운) 소식을 듣는다"는 뜻이다.[3]

영남 선비들이 청운의 꿈을 안고 과거를 보았으니, 과거에 급제하였다는 소식이 서울에서 이 새재를 넘어 맨 먼저 전해지는 곳, 그 고을이 바로 문경이기 때문이다. 특히 문경의 신라 때 이름 관문(冠文),

관현(冠縣)이나, 고사갈이(高思葛伊; '갓걸이' 로 풀이), 경덕왕 이후의 이름인 관산(冠山), 고려 초의 이름인 문희(聞喜) 등이 벼슬을 뜻하는 갓과 연결되거나[4] 기쁜 소식으로 풀이되고 있는 것도 신통하다.

문경새재와 과거길. 옛 선비들의 꿈과 회한이 담겨 있는 과거길 이야기는 언제 들어보아도 재미있다. 그리고 이 땅의 수많은 고개와 길과 주막터에는 곳곳마다 여러 사연을 지니고 있다. 그 가운데 한 이야기가 바로 문경시 문경읍 새재 입구 하초리에 있는 일심각(一心閣)과 윤씨열녀비(尹氏烈女碑)에 얽힌 사연이다.

<이야기 1>

문경 윤진사의 딸 윤 씨는 아름답고 현숙하여 같은 고을의 이 씨와 김 씨라는 두 총각이 구애를 하고 있었다. 두 사람은 서로 친구 사이이며, 둘 다 초시에 급제한 터인데, 윤 씨는 이 씨 총각을 좋아하였고, 아버지 윤 진사는 김 씨 총각을 마음에 두었었다. 그러다가 봄에 조정에서 복시가 있게 되자 윤 진사는 복시에 급제하는 사람을 사위로 삼기로 하였다.

그러나 윤 씨 처녀는 이미 이 씨 총각과 백년해로를 언약한 사이였는데, 봄이 되자 두 총각은 과거를 보러 서울로 떠났다. 그 후 여름이 지날 무렵, 김 씨 총각 혼자서 돌아왔는데, 그가 하는 말이 두 사람 모두 과거에 낙방하였으며 이 씨 총각은 낙심하여 어디론가 떠나버렸다고 하였다.

이 씨를 기다리던 윤 씨 처녀는 아버지의 권유를 뿌리치지 못하고 마침내 김 씨 총각과 결혼하게 되었고, 부부의 결혼 생활도 무르익어 어느덧 환갑을 지나게 되었다. 그런데 어느 날 밤, 남편 김 씨가 아내 윤 씨에게 고백하기를 그전에 이 씨 총각은 자기보다 실력이 뛰어나서 과거에 급제할 것 같았으므로, 당신을 그에게 빼앗기지 않으려고 서울로 올라갈 때 새재를 넘다가 이 씨를 죽여서 땅에 묻어버렸다고 실토하였다.

이 말을 들은 윤 씨는 온 몸을 와들와들 떨면서 자리를 털고 일어나 즉시 관가로 나가서 40년이 지난 살인사건을 고발하였다. 관가에서는 남편 김 씨를 체포하고 자백을 받아 내어 새재 제2관문 밖에서 이 씨의 백골을 찾아냈으며, 친구를 모살한 김 씨를 바로 처형하였는데, 그 이전에 윤 씨는 스스로 비수를 찔러 자기 목숨을 끊었다.

이 사건은 당시 선비 사회에 큰 파문을 일으켰으며, 40년을 살아온 남편을 고발한 아내의 비정함, 총각과 처음 부부의 언약을 지킨 윤 씨의 의리에 대하여 찬사가 엇갈렸다.[5]

<이야기 2>

옛날 하초리 근처에 노총각과 부부가 이웃하여 살았다. 부부는 재산이 많고 특히 그 부인이 매우 아름다웠다. 부부의 재물과 미색을 탐낸 옆집 노총각이 부인의 남편을 산으로 유인하여 바위로 쳐 죽였다. 그 뒤 남편을 애타게 기다리던 부인은 노총각의 계략에 빠져서 그와 혼인하고 아들 셋을 낳았다. 어느 날 소낙비가 내리는데, 남편이 빗방울이 흘러내리는 것을 보고 웃었다. 부인이 남편에게 왜 웃느냐고 묻자, 그제야 "오늘 내리는 비가 꼭 당신 남편을 죽일 때 흘러내리던 피와 같다"고 실토하였다. 남편의 악행에 분노한 부인은 그날 남자와 자식들을 모두 찔러 죽이고, 자신도 자결하였다. 이 사실이 관청에 알려져 열녀비를 세웠다.[6]

40년 산 남편보다 첫 내세의 남편을 택한 열녀 윤 씨

<이야기 3>

윤씨는 정병 조막룡의 아내이다. 병자호란 당시 남편이 쌍령 전투에서 전사하자 6년 동안 소복 차림으로 절개를 지켰다. 친정아버지가 딸에게 재혼을 권하였으나 윤 씨는 절개를 지켜서 목을 매어 자결하였다. 효종 때 그 일이 알려져 정려를 세웠다.[7]

그러므로 여기서 '일심각(一心閣)'이라는 이름은 열녀 윤 씨의 일편단심, 그의 곧은 정절을 뜻하는데, 그 전해지는 이야기는 이처럼 사뭇 다르다. 〈이야기 1〉의 친구 사이에 벌어진 살해사건 이야기는 이규태 선생이 다른 문헌에서 읽은 뒤 1970년대에 이곳 하초리 길

열녀 윤씨를 기리는 일심각

가에서 절반쯤 땅에 묻힌 윤 씨의 비석을 발견하고 쓴 내용이다.

〈이야기 2〉는 〈이야기 1〉이 백성들 사이에 구전되면서 바뀐 것으로 보이며, 〈이야기 3〉은 문경새재박물관에서 펴낸 책자에 나오는 내용이다. 이것은 《여지도서》에 수록된 내용을 해설한 것으로서 이것을 따를 수밖에 없을 것이다.

그런데 예를 들면 고을마다 길게 늘어서 있는 비석들(선정비)이 대부분 사또가 부임하자마자 미리 세워진 경우도 많다거나, 강요된 열녀의 죽음과 열녀의 이야기 등 여러 가지 감추어진 뒷이야기도 많으므로 관찬서나 비문의 기록이라 할지라도 선뜻 받아들이기가 어렵다.

열녀 윤 씨 이야기는 왜 서로 다른 것일까. 윤 씨가 다른 사람이거나, 세 가지 이야기 중 어느 하나가 후대에 각색된 것으로 볼 수밖에 없다. 이에 관해선 문경 윤씨와 관계된 여러 문헌이나 당시 문인들의 기록 등을 참고해 보아야 할 것이다.

이규태 선생의 글에 따르면, 그 당시 윤 씨를 열녀로 표창해 줄 것을 조정에 품신하였는데, 이 사건이 영남 선비들 사이에서도 심한 쟁점이 되어 흐지부지되었고, 그리하여 문경새재를 지나는 선비들 사이에만 전설처럼 전해져 왔다고 한다. 그러다가 어느 선비가 윤 씨의 이 처연하고 가슴 아픈 사연을 듣고 감격하여 사재를 털어 이곳에 비석을 세웠다는 것이다.

어떤 이는 고개를 피안(彼岸)과 차안(此岸)의 경계라고 말하는가 하면, 고개의 내리막과 오르막을 인생살이에 비유하기도 한다. 새재라는 이름은 앞에서도 설명하였듯이, 하늘재와 이화령 사이의 사잇재—간(間)재의 의미도 지니고 있는데, 어차피 모든 고개는 봉우리를 양쪽에 둔 이쪽과 저쪽 사이에 자리한다. 그것은 마치 열녀 윤씨가 현세의 남편과 저승의 남편 사이에서 살인자인 남편을 고발하고 내세의 남편을 택하듯이, 인간 사이의 중요한 선택은 그때마다 갈등이 따르게 되며, 윤 씨가 그 사이〔間〕에서 갈등하고 선택하는 것이 마치 사잇재로서의 '새재'라는 이름의 의미를 다시 돌아보게 하는 것 같다.

문경새재 일대는 최명길과 새재 서낭 이야기, 서울로 가다가 주저앉은 주흘산 이야기, 주막거리와 교구정 이야기, 여러 성황당과 국사당 이야기 등등 굽이굽이마다 전설과 사연이 넘쳐나는 곳이다.

어디든 멀찌감치 통한다는
길 옆
주막

그
수없이 입술이 닿은
이 빠진 낡은 사발에
나도 입술을 댄다.
흡사
정처럼 옮아오는

막걸리 맛

……

세월이여

소금보다 짜다는

인생을 안주하여

주막을 나서면

……

이것은 김용호 시인의 시 〈주막에서〉의 일부이다.

---

1) 여암 신경준의 〈도로고〉에 따르면, 조선시대 전국 6대 도로망 가운데 제 4호선 동래로(東萊路)가 바로 문경새재를 지나는 길이다.

2) 새재가 개통되기 전 하늘재(계립령; 신라 아달라왕 때 개통)가 이용되고 있었으니 묵은 재에 대하여 새로 만들어진 고개라는 의미도 지녔을 것이다.

3) 내무부, 《지방행정지명사》, 1982, 636~637쪽.

4) 그러나 여기서 '갓' 은 문경새재의 그 높고 험한 고개(산)=갓을 나타내는 말일 것이다.

5) 이규태, 《역사산책》, 신태양사, 1991, 256~258쪽.

6) 문경새재박물관, 《길 위의 역사, 고개의 문화》, 2002, 284~285쪽.

7) 문경새재 박물관, 앞의 책, 283~284쪽.

서울 종로구 관천대와 보신각, 일구대 터와 시계탑

관상감과 보신각, 일구대 터와 시계탑의 기막힌 인연

觀天臺 普信閣 日晷臺

우주의 '우(宇)'는 공간, '주(宙)'는 시간의 4차원 구조

우주(宇宙)라고 말할 때 '우(宇)'는 상하사방(上下四方)으로서 공간 개념이며, '주(宙)'는 왕래고금(往來古今), 곧 시간을 말한다. 그러므로 우주는 Space-Time의 4차원 시공연속체인 것이다. 여기서 인간은 시간에 휩쓸려가면서 공간에 떠다니는 티끌 같은 존재에 지나지 아니하며, 시간과 공간은 인간뿐만이 아니라 모든 현상, 만유(萬有)의 원천적 존재 조건이 된다.

사실 인간(人間)-시간(時間)-공간(空間)이라는 이름으로 표현되는 '삼간(三間)'의 관계는 인류의 모든 철학과 사유와 궁구의 대상이 되어왔다. 그래서 먼저 "시간이란 무엇인가"를 생각해 보게 되는 것이다.

시간에 대해서는 여러 선각자들이 남겨놓은 뜻 깊은 경구들이 많다. 이런 말들을 요약해 보면, "시간은 무소불위(無所不爲)의 해결사요, 모든 것의 정복자요, 일체의 파괴자이며, 최상의 법률고문"이라는 등 수많은 비유들이 회자되고 있다.

이런 여러 가지 명구 가운데서도 나는 아우구스티누스(A. Augustinus)가 그의 《고백》에서 말한 과거, 현재, 미래의 세 가지 시간에 대한 다음의 정의를 마음에 새겨두고 있다.

……과거의 것의 현재는 기억이며, 현재의 것의 현재는 직관이며, 미래의 것의 현재는 예기(豫期)……

그런가 하면 김자림은 〈은은한 환희〉라는 글에서 시간을 다음과 같이 설명하고 있는데, 읽어볼수록 느끼는 바가 크다.

시간은 즉시 과거를 낳고, 그 과거의 퇴적은 곧 죽음을 의미하는 것이다. 시간이란 한번 가버리면 없다. 그러므로 공동묘지란 단절된 시간의 광장이다. 자기 자신을 써버리면 생은 정지되는 것이다. 조물주로부터 배정된 시간이 다하면 그만이지 아무도 보태거나 꿔주지는 못한다.……시간은 지금 이 시간에도 일 초 일 초 주어진 시간들을 갉아먹고 있는 것이다.

시간에 관한 이야기는 해도 해도 끝이 없다. 그러니 이만 줄이고 여기서는 조선시대에 시간을 정하고 알려주던 제도부터 한번 살펴보자. 예나 지금이나 시간은 인간의 삶과 국가의 경영에 매우 중요한 요소였다. 그래서 조선왕조는 시간을 정하고 알려주는 일을 국가의 중요한 기능으로 보았던 것이다.

이 일을 맡은 곳이 바로 태조 때 만든 서운관(書雲觀)→관상감(觀象監; 세종 때)→사력소(司曆所; 연산군 때)→관상감(중종 때)인데, 지금의 기상청과 비슷한 구실을 하였다. 관상감에서는 시간을 알려주는 것뿐만 아니라 천문 · 지리 · 책력 · 점산 · 측후 등의 일도 수행하였으며, 그 관원들은 금루관(禁漏官)이라 하여 정원이 40명이었고, 한 번에 10명씩 1일 4교대로 근무하였다.[1)]

관상감에서 낮에는 해시계, 밤에는 물시계로 시간 알려

관상감은 처음에 두 곳을 두었다. 하나는 경복궁 경회루 북쪽 모퉁이에, 하나는 지금 종로구 원서동 206번지에 있었다. 지금 계동 현대 사옥 앞에 있는 관천대(觀天臺)는 이 관상감 유적의 하나로, 1984년 원래 자리에서 해체하여 지금의 자리에 복원한 것이다. 경복궁에 둔 관상감은 왕이 창덕궁이나 경희궁으로 거처를 옮기면 따라갔는데, 그것은 관상감의 관원(금루관)들이 국왕에게 시간을 제때에 알려야 조정의 각종 행사를 지휘할 수 있었기 때문이다.

시간을 알기 위하여 밝은 낮에는 해시계를, 밤에는 물시계를 이용하였다. 해시계는 앙부일귀(仰釜日晷)라고 불렀는데, 그 형상이 솥이 하늘을 쳐다보는 모습이기 때문이며, 오목한 반구형(半球形) 안쪽에 12시간을 나타내는 시각선이 새겨져 있다. 이처럼 정밀하고 과학적인 해시계를 만든 것은 1434년(세종 16)이며, 1437년에는 사람들이 많이 오가는 종로 거리의 혜정교와 종묘 어귀에 일구대를 세워 시간을 알게 하였다.

서울 종로구 계동 현대그룹 사옥 앞에 있는 관천대

한편 물시계는 자격루(自擊漏)라고 불렀으며, 역시 1438년(세종 20) 왕명에 따라 장영실, 이천 등이 만들었다. 물시계는 물이 떨어지는 분량으로 시각을 알아내야 하므로 이 일을 '각루(刻漏)'라고 하였는데, 금루관이 졸면서 제때에 물을 공급하지 못하거나, 떨어지는 물의 분량을 놓칠 수 있었으므로 관원들의 고충도 컸다고 한다.

이 일은 서양에서도 우리와 같은 실정이었기에 오늘날 시계를 'watch'라고 부르는 까닭이 바로 물시계로 시간을 측정하던 데서 비롯된 것이다. 관상감 자리에는 원래 휘문고등학교가 있었다. 그러나 이 학교가 강남으로 옮겨가고 그 자리에 현대그룹 사옥이 들어섰으며, 하늘을 살펴본다는 뜻의 관천대는 일명 첨성대 또는 소간의대라고도 불렀는데, 1983년 계동 140−2번지 지금의 현대 사옥 앞에 해체 복원한 것이다.

또 관천대 바로 옆에는 유명한 건축설계회사인 주식회사 공간(空間)이 있어서 '공간'이라는 큰 간판이 관천대의 주변을 잘 조명해 주고 있다. 관상감의 관천대야말로 천문 · 기후 등을 관찰하기 위하여 우주 공간을 살펴보고 별자리를 관측하는 곳이었기 때문이다.

'공간' 의 창업주인 고 김수근 선생은 그것을 알고 이곳 관천대 옆에 회사를 세웠던 것일까?

한편 이 관천대로부터 6백 미터쯤 남쪽 종묘공원의 어정(御井) 옆에는 앙부일귀가 복원(원래 세종 때 해시계를 세웠던 일구대 터임)되어 있다. 그런데 신통한 것은 이 해시계 바로 앞에 현대식 시계탑이 서 있어서 옛날의 시계와 현대식 시계를 잘 견줄 수 있게 한다. 그리고 일구대 터의 서쪽 종로 3, 4가에는 시계 상가가 형성되어 있어서 시간-시계와 이곳의 깊은 인연을 나타내고 있다.

서울 종로와 시계의 인연은 여기서 끝나는 것이 아니다. '종로(鐘路)' 라는 이름 자체가 조선시대에 종을 쳐서 한성부의 시간을 알려주던 보신각(普信閣)에서 비롯되었고, 보신각종은 그 당시 한양 백성들의 시간을 알려주던 시계의 구실을 하였기 때문이다.

관상감의 관원인 금루관은 정확한 시간을 군인에게 알리고, 군인은 이를 보신각에 전달하였다. 보신각에서는 종소리를 울려 이를 한양 백성들에게 전했는데, 야간 통행금지를 알리는 1경 3점은 인정(人定)이라 하여 28번 울렸다.

또 통행금지 해제를 알리는 5경 3점은 파루(罷漏)라 하여 33번 울렸다. 여기서 통금을 알리는 28이란 숫자는 하늘의 별자리인 28수(宿)를 뜻하였고, 파루의 33이라는 숫자는 하늘을 구분하는 33천(天)을 나타냈다. 모두가 천문, 지리, 측후를 관장하는 관상감다운 발상이라 할 수 있을 것이다.

복원된 종묘의 일구대

서울은 지금 몇 시인가? 도쿄 표준시를 쓰고 있는 한국

시간에 관한 이야기가 나왔으니 우리나라 표준시를 말하지 않을 수 없다. 여기서 표준시란 세계 각국의 시간을 지구의 자오선에 맞추어 표준화한 것을 말한다. 1884년 워싱턴 본초자오선 회의에서 영국의 그리니치를 자오선 제로(0)로 확정하고 하루의 정확한 길이를 정하였다. 그리고 전 지구를 한 시간 간격의 24시간 대역(帶域)으로 구분하였다. 그리하여 세계일(The universal day)을 확정하였고, 이 표준시간은 파리 에펠탑에서 전보로 전 세계에 알려졌다.

우리가 쓰는 표준시는 어떻게 결정되었을까? 외국의 유명 호텔 프런트에서는 뉴욕, 파리, 런던, 베이징, 도쿄 등 세계 각국의 현재 시간을 알려주고 있으나 서울의 시간을 알려주는 시계는 없다. 왜

냐하면 우리나라는 표준시가 없기 때문이다. 표준시란 그 나라 영토 중심의 자오선에 맞추어 결정하는데, 우리나라는 동경 135도(도쿄)의 일본 표준시 자오선을 사용하고 있기 때문에 하는 말이다. 이승만 정권 당시인 1954년 2월 17일(음력) 자시(子時)를 기하여 우리나라 표준시를 동경 127도 자오선으로 정하였는데, 그것은 구한말까지 우리나라가 127도 자오선을 표준시로 하였기 때문이다.

그러다가 5.16 군사혁명 뒤인 1961년 8월 10일, 동경 135도의 일본 자오선 기준으로 바꾸는 바람에 일본과 경도상 8도의 차이(경도 1도마다 4분씩 32분의 시차)를 감수하면서 일본 표준시를 답습하고 있는 것이다. 따라서 우리나라는 표준시에서는 아직까지 독립국의 지위를 누리지 못하고 있는 셈이다.[5)]

우리 정부가 동경 127도 30분의 서울을 표준시로 정할 경우 동경 135도인 도쿄의 표준시와는 30분의 차이가 생기게 된다. 가령 서울에서 아침 7시에 태어난 아이는 실제 서울 지역의 태양시로는 6시 30분에 태어난 것이다.[6)]

그러므로 우리 실정에 맞게 표준시를 바꾸든지, 혹은 바꿀 수 없는 불가피한 사정을 국민들에게 알려야 할 의무가 정부에게 있다고 본다.

시간을 잘못 알렸거나 정확한 시간을 알리지 않아서 정조 때 당상관의 직임을 바꾼 예가 있다. 하물며 한 나라의 표준시를 결정하고 운영함에 있어서야 두말할 필요도 없는 일이다.

시간은 세월의 단위이고, 시계는 시간의 흐름을 눈으로 볼 수 있게 만든 도구이다. 시간 앞에서는 어떤 영웅호걸도, 어떤 부귀영화도, 어떤 자연 현상도 모두 작고 보잘것없는 존재일 뿐이다. 시간은 무시무종(無始無終)의 세월 그 자체이다. 그 세월에 떠밀려가는 덧없는 존재가 바로 인생이다.

서울 원서동 206번지 관상감 터를 이야기하다 보면, 원서동에 살다가 30세로 요절한 모더니즘의 시인 박인환(1926~1956)과 그의 시 〈세월이 가면〉을 떠올리게 된다. 시간이 쌓이고 쌓여서 세월이 되기 때문이다.

> 지금 그 사람 이름은 잊었지만
> 그 눈동자 입술은
> 내 가슴에 있네.
>
> 바람이 불고
> 비가 올 때도
> 나는
> 저 유리창 밖
> 가로등 그늘의 밤을 잊지 못하지
>
> 사랑은 가도
> 옛날은 남는 것
> ……

1) 김인호(광운대 교수), 〈금루관이야기〉, 《자치행정》, 지방행정연구소.

2) 서울특별시, 《동명연혁고 1》 종로구 편, 1992, 367~368쪽.

3) 이홍환, 〈종묘 앞 일구대〉, 《주간 한국》 1870호, 2001.

4) '점(點)' 이란 1경(지금의 두 시간) 동안 5회의 징을 쳐서 시간을 구분한 것을 일컫는다.

5) 정형관(한민족 예의도덕 선양회장), 《한국족보신문》, 1994. 4. 29일자.

6) 조용헌, 《조용헌살롱》, 랜덤하우스, 2006, 60~61쪽.

공주시 우금치와 정읍시 조소리

피어린 역사, 미완의 동학혁명 예언

牛禁峙 鳥巢里

할아버지 동학군 선두에 서서

죽창들고 외치던 소리 소리

일어선 분노가

쾅 쾅 죽은 역사를 찍을 때

쓰러지던 어둠의 계곡

어둠에서 다시 빛나던 저 조선 낫

—임홍재, <청보리의 노래> 가운데서.

그것은 들불이었다. 전라도 고부에서 '척왜구국(斥倭救國) 제세안민(濟世安民)'의 깃발 아래 지핀 동학의 불길은 온 누리로 번져나가 전라, 충청, 경상, 강원, 경기, 황해도 농민들을 걷잡을 수 없는 들불로 타오르게 하였다.

이 들불은 일찌기 다산 정약용이나 농민들이 예견하였듯이, "올 것이 온 것", "이미 예견되었던 일"이지만, 그 들불의 뇌관을 이루었던 것은 남접의 전봉준이었다.

1894년 1월 10일 녹두장군 전봉준을 중심으로 만석보에 모인 농부들이 고부 관아를 습격한 것을 시발로, 그해 4월에는 백산(白山)에 수많은 농민이 집결하였고, 5월 말에는 관군을 격파하고 전주성을 점령하기에 이르렀다.

텐진조약에 따라 청나라 군대와 일본 군대가 급파된 것이 6월이었으며, 정부와 강화를 맺은 동학군이 53곳에 집강소를 설치하고 폐정개혁을 단행하지만, 정부가 강화 조건을 지키지 않음에 따라 호남군 10만, 호서군 10만(이 숫자에는 차이가 있다)이 논산을 거쳐 공주 감영을 점령하고, 이를 교두보로 서울에 입성하려 했던 것이 그해 10월 하순이었다.

1894년 음력 10월 23일부터 25일, 11월 8일부터 11일 두 차례에 걸친 도합 7일 동안의 전쟁은 남·북접 연합 동학농민군이 공주 감영을 점령하기 위해 우금치고개를 넘고자 하였으나, 이때 서울에서 내려온 경군(관군)과 일본군이 미리 대기하고 있었으므로 이 고개에서 40여 차례의 접전을 벌이게 되었다.

이 싸움은 신식무기로 무장한 관군과 왜군, 재래식 무기나 죽창 등으로 무장한 동학농민군에게 시산혈하(屍山血河)의 지옥도를 그려냈던 것이다.

추위와 굶주림을 견디며 끝까지 버티던 농민군도 마침내 10여 만 명의 사상자를 내자 물러나지 않을 수 없었으며, 들불처럼 타오르던 농민혁명의 불길, 동학의 기세는 이 우금치에서 마침내 꺾이고 말았다.

공주 우금치에 세워진 동학혁명군 위령탑

동학농민군이 끝내 넘지 못한 우금치(牛禁峙)

'우금치(牛禁峙)'란 소가 넘지 못하는 고개라는 뜻이다. 그 당시 소처럼 우직하고 순박하기만 하였던 우리 농민군을 끝내 넘지 못하게 한 우금치는 조선 농민의 희망과 전봉준의 뜻을 좌절시킨 바로 그 우금치가 되고 말았던 것이다. 소처럼 부림을 당하고 온갖 세금과 폭정에 시달리다가 들불처럼 일어났지만 이 고개에서 속절없이 꺾이고 말았다. 본래 소도둑 때문에 생긴 '우금치'라는 이름이 이 한판의 싸움, 농민군의 패전과 그 좌절의 역사를 예언하고 있었던 것 같다.

그래서 우금치에 세워진 동학혁명 위령탑은 공주를 내려다보며 서 있는데, 탑이 고개 정상에서 공주 쪽으로 약간 내려가서 세워져 있다. 그것은 살아서 이 고개를 넘지 못한 동학 농민군의 한을 풀어주기 위해서라고 한다.

부근의 송장배미라든지, 개좆배기라든지 하는 이름들은 농민의 함성과 피땀이 스며든, 원한의 역사를 증언하고 있는 이름들이다.

> 새야 새야 파랑새야.
> 니 어이 나왔느냐?
> 솔잎 댓닢 푸릇푸릇키로
> 봄철인가 나왔더니
> 백설이 펄 펄 휘날린다.
> 저 건너 청송녹죽이
> 날 속이었네.

이 민요는 그 당시 녹두장군에 대한 민중의 애석한 감정이 그대로 드러나는 노래이다.

잘 알려져 있듯이 '새 둥지'를 뜻하는 전북 정읍군 이평면 조소리(鳥巢里)는 민중의 파랑새, 녹두장군 전봉준이 동학농민전쟁 당시

동학 농민군의 시체를 쌓았던 송장배미

살았던 곳이다. 그런데 '파랑새'는 팔왕(八王)새로서 전봉준의 성씨인 '전(全=八王)'을 가리킨다고 하며, '녹두장군'이라는 명칭도 그의 체구가 작으나 야무진데서 붙여진 별명이라고 한다.

파랑새=전봉준, 조소리(鳥巢里)=새 둥지라는 이름이 기막히게 맞아 떨어지고 있다. 산천과 인걸은 운명적으로 하나인 것이기에 민중의 파랑새(희망)가 살던 곳이 '조소리'라는 생각이 들기도 한다. 그리고 우금치도, 조소리도 모두가 동학혁명운동의 전기가 된 곳이면서, 그 이름에서 한결같이 운명적인 예감을 느끼게 하고 있는 것이다.

피어린 역사, 미완의 혁명을 암시하고 있는 것 같기도 하고, 또 역사란 항상 후회와 탄식이 따르게 마련이라는 것을 생각나게 한다. 역사란 본래 그런 것인가 보다.

태백산과 호식총

태백시 일원의 호환(虎患) 당한 옛 지명들

太白山 虎食塚

우리 역사의 첫머리에 나오는 비운의 주인공

《삼국유사(三國遺事)》 제1권 〈기이(紀異)〉 편의 첫 번째인 고조선 조에는 다음과 같은 내용이 있다.

> 천상의 세계를 다스리는 상제에게 환웅이라는 서자가 있었다. ……그가 삼위태백이라는 산, 그곳이 널리 인간을 다스려 이롭게 할 만한 근거지로 적합하다고 생각되었다. ……이때 곰 한 마리와 호랑이 한 마리가 같은 동굴에 살고 있었다. ……그리하여 곰은 마침내 사람의 몸, 그것도 여자의 몸으로 탈바꿈되었다. 그러나 성질이 급한 호랑이는 금기를 제대로 견디지 못해 사람의 형체를 얻지 못했다. ……

우리가 잘 알고 있는 단군 역사의 첫머리에 나오는 곰과 호랑이의 이야기이다. 이 이야기 속의 '태백산'은 우리 민족이 신산(神山) 성역(聖域)으로 숭배하여 온 산으로서 하늘과 통하는 사다리의 산, 태양이 떠오르는 밝은 산(박달산), 하늘에 제사지내는 신령한 산 등

태백산

의 의미를 지닌다. 백두산이 되기도 하고, 묘향산이기도 하고, 구월산이기도 하고, 마리산이기도 한데, 강원도 태백시의 태백산도 그런 산 가운데 하나이다.

우리 역사의 첫머리에 나오는 곰과 호랑이의 이야기는 그에 대한 정리되지 않은 여러 시각들이 있으므로 그 역사적 의의는 논외로 치고, 여기서는 우리의 외할머니 댁이 된 곰의 집안과는 달리 태백산에서 끝내 인간이 되지 못한 비운의 주인공, 통한(痛恨)의 호랑이에 대하여 살펴보고자 한다.

호랑이는 원래 산군(山君)이라 하여, 무당이 모시고 도당제를 올리는 대상이 되기도 하였고, 한편 산신령의 사자로서 여러 절의 산신각(당)에 걸린 산신도(山神圖)에 나타나는 영물이기도 하였다.

그런가 하면 호랑이는 인간의 효행에 감동하여 효자를 돕거나, 효자를 등에 태워 은혜를 갚는다든지, 신비한 이적을 보이는 등 영혼의 인도자로 나오기도 한다.

이곳 태백산 일대에는 호식총(虎食塚)이 여러 곳에 남아 있다.

'호식총(虎食塚)' 이란 호랑이에게 잡아먹힌 사람들의 머리뼈를 추스려 돌을 쌓은 다음 그 위에 시루를 엎고, 시루 한 가운데에는 쇠꼬챙이를 찔러놓은 무덤을 말한다.

이 호식총에 쇠꼬챙이를 꽂는 것은 호랑이에게 잡혀 죽은 사람의 혼백이 '창귀' 라는 악한 귀신이 되는데, 이 귀신이 호랑이를 따라다니면서 다른 사람을 잡아먹게 하기 때문이란다. 말하자면, 창귀의 자리를 다른 영혼에게 인계해야만 자신이 호랑이로부터 해방되기 때문이라고 한다.

사람이 호랑이에게 잡아먹힌 땅이름들

태백시 주변에는 여러 곳에 흩어진 호식총, 곧 호환(虎患)을 당하여 생긴 무덤들이 남아있다. 이들 가운데서 태백문화원 김강산 씨의 《태백의 지명유래》 등에 나오는 자료들을 간추려 정리해보면 다음과 같다.

□ 호식터(虎食－)

태백시 화전동 뼁뒤의 산등에 있는 터이다. 옛날 용연동 사는 소년이 범에게 물려가 이곳에서 잡아먹혔으므로 시루를 엎어놓았다고 한다.

□ 호명골(虎鳴－)

태백시 화전동의 예전 호명광업소(탄광)가 있었던 곳이다. 용소를 지나서 더 들어간 골짜기로서 옛날 범이 나타나 사람을 많이 잡아먹었으며, 밤마다 범이 나타나서 울었던 골짜기였다고 한다.

□ 화장터(火葬－)

태백시 화전동 가매굼 뒤쪽에 있는 터이다. 범에게 물려가서 죽은 사람의 유해를 화장한 곳이며, 작은 돌무덤이 있는데, 그 위에 얹어 놓았던 시루는 없어졌다.

□ 호랑바우

태백시 창죽동 호랑밭굼에 있는 바위이다. 높이가 10여 미터 되는데, 그 밑에 굴이 있어서 호랑이가 새끼를 쳤던 곳이라고 한다. 6 · 25사변 때 마을 사람들이 이 굴로 피난했는데, 굴 안에 사람의 뼈와 함께 짐승의 뼈가 쌓여 있었다고 한다.

□ 호해터(虎害-)

태백시 창죽동 여서낭 앞에 있는 집터이다. 예전에 집이 있었는데, 살던 사람이 범에게 물려갔으므로 집터가 나쁘다고 옮겨서 지금은 잡초만 무성한 곳이 되었다.

□ 범터골

태백시 통리 옛터골 옆에 있다. 옛날 이곳에 범이 많아서 사람들이 많이 잡아먹혔다고 하는 곳이다. 그래서 범터골이라 한다.

□ 범낭골(虎出谷)

태백시 통리역 건너편에 있는 큰 골짜기이다. 옛날 골짜기 안에 사람들이 많이 살았는데, 범이 자주 출몰하므로 사람들이 떠나게 되었다고 한다. 범낭골은 범이 나온 골짜기라는 뜻이다.

□ 두골산(頭骨山)

태백시 철암동 두둑평지 뒤에 있는 높이 1,044미터의 산이다. 옛날 이 산에 범이 많이 살고 있어서 철맘, 동점 사는 많은 사람들이 범에게 물려 죽었다. 범이 사람을 잡아먹고 산봉우리에 사람들의 두개골

만 남겨 두었으므로 두골산이라 부른다고 한다. 이 산의 8부 능선에는 범에 물려 죽은 사람의 무덤인 호식총도 있다.

ㅁ 호식총(虎食塚)

태백시 철암동 심도령터께 뒤에 있는 무덤이다. 돌서덜 한 가운데 높이 2미터, 둘레 8미터쯤 되는 큰 돌무덤으로서 옛날 범에게 물려 죽은 사람의 무덤이다. 무덤 위에 엎어놓은 시루가 아직 남아 있는 대형 호식총이다.

ㅁ 화장터

태백시 철암동 설통바우 오른쪽에 있는 터이다. 높이 10미터의 절벽이 있는데, 절벽 아래 시루를 엎어놓은 호식총이 있다. 옛날 사람이 범에 물려 죽어서 머리만 남아 있는 것을 화장하여 그 위에 돌무덤을 쌓아 시루를 엎어놓고, 그 위에 쇠가락을 꽂아 둔 무덤이다.

ㅁ 호시고개(虎視－)

태백시 동점동의 강원도와 경상북도 경계에 있는 고개이다. 밑으로는 기찻길이 지나며 산등으로 국도 35호가 지나는데, 이 고개가 옛날의 호시고개이다. 옛날 이 고개 위에 늘 호랑이가 앉아 있어서 고개 아래를 호시탐탐(虎視耽耽) 노려보고 있었으므로 혼자서는 고개를 넘지 못하고 여럿이 모여서 넘었던 고개라고 한다. 많은 사람들이 호환(虎患)을 당했던 고개이다.

ㅁ 천씨딸네 화장터

태백시 문곡동 장세마골과 새밭골 사이의 산등에 있는 터이다. 옛날 이곳에 살던 천 씨네 집 어린 딸이 범에게 물려가 죽은 곳이다. 그곳에 유구를 화장하고 시루를 엎어놓았다.

ㅁ 산령각(山靈閣)

태백시 혈리동의 부시당 옆에 있는 집이다. 태백산 산신령을 모신 당집인데, 강원도와 경상도를 오고 가던 보부상들이 세웠다고 한다. 이 산령각은 태백산 산신뿐 아니라 도적 떼를 막아주기를 기원하고, 또 범이 나타나 사람을 해치는 일이 많았으므로 산길의 안전을 기원하였던 곳이다. 이곳에는 또 백마를 탄 어린 임금(단종)을 그린 탱화도 모셔져있다.

ㅁ 화장터골

태백시 혈리동 통침굼을 지나서 있는 골짜기이다. 옛날 범에 물려 죽은 사람의 시체를 화장했던 곳이라고 한다.

인간과 호랑이의 끝없는 살육, 그리고 멸종의 비극

위에서 살펴본 바와 같이 태백산 일대에는 호랑이에게 잡혀 먹힌 사람들의 묘나 화장터 등이 많이 남아 있다. 그런데도 호랑이를 향한 맹렬한 적개심이나 분노가 폭발하지 않는 것은 무슨 이유일까.

이미 아시아에서 멸종되어가는 '호랑이' 라는 이름의 동물이 인간의 박해로 점점 잊혀지고 있기 때문이다. "사람이 호랑이를 죽이려고 할 때에는 스포츠(수렵)라고 하고, 호랑이가 사람을 죽이려고 할 때에는 흉맹하다고 한다." 이것은 버나드 쇼(George Bernard Shaw)의 말이다. 바로 그 점이다. 오늘날 멸종 위기에 처한 아시아의 호랑이는 이제 백수의 왕도, 산군(山君)도 아닌 사라져 가는 동물의 종(種)일 뿐인 것이다.

> 너는 또 저 호랑이를 기르는 이를 모르는가? 날고기를 그대로 주지 못하는 것은 그 놈의 물어 죽이는 버릇이 매우 사나워질까 두려워하기 때문이요, 통고기를 그냥 주지 못하는 것은 그 놈의 잡아 찢는 버릇이 매우 사나워질까 두려워하기 때문이다. 그러기에 그 굶주리고, 배부름을 잘 살피어, 그 사나운 마음을 풀어주기만 하면, 사람과 종류를 달리하는 호랑이지마는 저를 기르는 이에게 꼬리를 칠 것이다. 그러므로 살벌이 일어나는 것은 그 호랑이의 성정을 거스른 탓인 것이다.

《장자》의 〈인간세〉편에 나오는 말이다. 호랑이의 성정을 포악하게 만든 것 자체가 그것을 기른 인간의 잘못됨에 있다고 말하고 있는 것이다.

태백산과 호랑이, 그리고 곳곳에 남아 있는 호식총들

처음 까마득한 단군 역사의 첫머리에 등장하더니, 지금은 이 땅 어디에서도 호랑이를 구경할 수 없게 되었고, 인간과 호랑이의 살육관계를 나타내는 호식총들만 남아 있으며, 아시아의 호랑이는 곧 멸종될 것이라고 한다.

그리하여 '호식총' 이라는 이름만 우리 국토의 곳곳에 남아서, 언젠가는 설화 속에 나오는 '호랑이 담배 먹던 시절 이야기' 로만 여겨질 터이니 그것이 못내 가슴 아픈 것이다.

2

땅이름에 새겨진 인물의 발자취

완도군 고금도와 고금대교 외

이 충무공 부자에게 고금에 없는 일 일어난 곳

古今島 古今大橋

2007년 6월 전라남도 강진군 마량면과 완도군 고금도를 잇는 길이 760미터의 고금대교가 개통되었다. 섬이었던 고금면과 이미 고금도와 다리로 연결되었던 조약도(약산면)가 이 다리로 말미암아 육지와 이어지게 된 것이다. 그동안 두 섬 주민 8천여 명이 배를 타고 육지로 나가는 데는 40여 분이 소요되었으나, 이제는 자동차로 고금대교를 지나는 데 2~3분이면 된다.

이 다리가 들어선 곳이 고금면 가교리(駕橋里)인데, 여기서 가교의 '가(駕)'는 임금이 타는 수레요, '교(橋)'는 다리이니 이미 이곳에 큰 다리가 들어설 것을 알고 있었던 것 같기도 하다.

이 다리가 건설되어 섬이 육지와 연결된 것은 이 섬에서는 참으로 고금에 없었던 큰 사건이요, 대 역사다. 육지와 연결되었으니 섬이 지닌 불편함이 사라져 어업과 농수산물의 원활한 수송으로 물류비용이 크게 줄어들었으며, 고금도와 조약도 일대의 문화유적과 자연 경관 등으로 말미암은 관광산업도 그 비중이 크게 늘어날 것이기 때문이다.

강진 마량과 고금도를 잇는 고금대교

원래 '고금(古今)' 이란 '고왕금래(古往今來)' 와 같은 말이다. '예로부터 지금까지' 를 아우르는 말이다. 가령 '동서고금(東西古今)' 이라는 말에서 '동서' 는 동양과 서양을 아우른다는 공간적 의미이며, '고금' 은 '예나 지금이나' 라는 뜻의 시간적 의미를 지닌다.

그런데 한자학 총론을 보면, 고금의 '고(古)' 라는 글자는 사람들의 입으로(口) 전해지는 것이 십(十)에 이르면 반드시 고사(故事)가 된다고 하였다. 또 고금의 '금(今)' 을 해설하면서, '함(含)', '음(吟)', '념(念)' 이라는 글자처럼 그 안에 '금(今)' 이 들어가 있는 글자는 대개 무엇인가 감추어진 뜻이 담겨 있는 것으로 풀이하였다. 이것은 '금(今)' 이 단순한 '지금(이제)' 이 아니라 회의문자(會意文字)로서 어떤 암시를 지니는 것으로도 보는 것이다.[1)]

그런데 왜 고금도라고 부르게 되었을까.

그 연유가 확실하지 않다. 그러나 1914년 일제의 행정구역 통폐합 때 이 섬이 영세무궁(永世無窮)하기를 바라는 뜻에서 '고금도' 라

불렀다는 기록은 남아 있다.[2)]

이 섬에는 사적 제114호로 지정된 이 충무공 유적지로서 충무사(忠武祠)가 덕동리 충무 마을에 있는데, 1597년 정유재란 때 이 충무공이 잠시 주둔하면서 왜적을 무찔렀던 곳이다. 그 뒤 이 충무공이 노량해전에서 순국하자 그 영구를 이곳에 봉안하였다가 이듬해 충남 아산 선영으로 모셔갔다. 이를 기념하여 여기에 사당과 비를 세웠으며, 그 사당이 있던 섬은 원래 묘당도(廟堂島; 충무사가 있으므로)라 불렀으나 지금은 간척사업으로 말미암아 육지가 되었고, 그 주위에 훈련장 · 해남정 · 봉화대 등의 지명이 당시의 상황을 전해주고 있다.

그런데 이 고금도에서 일어난 이 충무공 부자의 꿈같은 이야기는 참으로 고금에 보기 드문 일이기에 여기에 적지 않을 수 없다.

충무공이 고금도에 주둔하고 있을 때 낮에 잠깐 졸고 있는데, 꿈에 아산에서 왜적과 싸우다 순국한 아들 면(葂)이 나타나 울면서 원수를 갚아달라고 하였다. 충무공이 말하기를 “살아서는 힘이 장사더니 죽어서는 그 적을 못 죽이느냐?” 하고 물으니, 그놈의 손에 죽었기에 겁이 나서 못 죽이겠다며 아버지로서 자식의 원수를 갚음은 저승과 이승이 같은데, 자기 말을 예사로 듣고 바로 그 원수를 진중에 두고도 살려둘 수 있느냐고 하면서 울면서 가버리는 것이었다.

충무공이 깜짝 놀라 깨어 일어나 새로 잡아온 포로 하나가 배 안에 갇혀 있다는 말에 그를 끌어내어 자세히 물어보았다. 그랬더니 과연 아들 면을 죽인 자가 분명하므로 그 자리에서 목을 베었다.

하늘이 어찌 이다지도 인자하지 못한고. 내가 죽고 네가 사는 것이 이치의 마땅함인데……슬프다! 내 아들아! 날 버리고 어딜 갔나. 남달리 영특하여 하늘이 시기함인가? 내 지은 죄가 네 몸에 미친 것인가?……통곡하다가 하룻밤 지내기가 일 년 같구나.[3)]

고금도와 이충무공.

지난〔古〕 원수를 아들이 꿈을 통하여 현세에〔今〕 복수를 하게 하였으니 진실로 충무공 부자에게는 '고금' 에 보기 드문 일이 아닐 수 없고 그 일이 일어난 곳이 바로 고금도로서, 부자간의 지극한 마음이 서로 통하였기 때문일 것이다.

고금도는 이제 옛날의 고금도가 아니다. 그러니 고금부동(古今不同)이다. 바다를 막아 육지가 되고, 또 육지와 바다를 잇는 연도교(連島橋)가 놓여서 섬의 생활방식이 달라지고 있기 때문이다. 고금도에 새로 건설된 다리 위에서 충무공의 기막힌 사연이 남아 있는 이 바다와 섬의 숨겨진 역사를 생각해 보는 것도 즐거운 일이다.

---

1) 이돈주, 《한자학총론》, 박영사, 2000, 230쪽.

2) 내무부, 《지방행정지명사》, 1982, 553쪽. 완도군 각 면의 이름. 그러나 '고금' 은 고흥군의 '거금도' 처럼 섬에 산(방언은 까끔)이 많아서 생긴 이름으로 풀이할 수 있다.

3) 이석호 번역, 《난중일기》, 집문당, 1980. 1597년 10월 14일자 난중일기 가운데서.

단양 도담삼봉과 도전리, 별곡리

정도전의 탄생, 출세, 죽음을 얘기하는 듯한 여러 지명

嶋潭三峰 道田里 別谷里

삼봉 정도전과 도담삼봉과 삼봉공원, 그리고 문화축제

"맑은 바람 밝은 달" 곧 '청풍명월(淸風明月)' 로 대변되는 충청도에서도 단양은 예로부터 산수(山水)로 미명(美名)을 날렸고, 수석(水石)으로 사람들을 모았으며, 붓과 먹으로 표현된 고장이다.

남한강과 소백산이 빚어낸 산자수명(山紫水明)한 풍광은 고을 자체가 자연 · 예술 · 문화인류사의 지붕 없는 박물관이라 할 수 있다. 수양개를 비롯한 여러 곳의 선사유적을 비롯하여 바보 온달의 충의와 사랑의 노래가 흐르는 가하면, 삼봉 정도전의 발자취, 퇴계 이황을 비롯한 명유(名儒)와 시인, 묵객들의 낭랑한 읊조림이 아직도 들려오는 곳이다.

여기서 남한강과 함께 특히 이야기하고자 하는 인물은 삼봉(三峰) 정도전(鄭道傳)이다. 이곳 남한강변의 여러 지명 속에 그의 일생과 관련한 이야기들이 녹아 있기 때문이다. 그는 이제 단양을 대표하는 인물로 널리 알려져 있다.

먼저 단양의 '삼봉문화축제' 는 매년 4월 이곳 남한강변 도담삼봉과 단양읍 일원에서 열리고 있는데, 정도전배 과거시험, 정도전 추모제 등 정도전을 주제로 그를 기리는 행사이다. 그런가 하면, 도담삼봉이 있는 도담리의 남한강변에는 정도전 동상과 그의 숭덕비, 봉화정씨 문중에서 세운 시비(詩碑) 등으로 삼봉공원을 조성해 놓았다.

> 선인교 나린 물이 자하동에 흘러들어
>
> 반 천년 왕업이 물소리뿐이로다.
>
> 아이야, 고국(故國) 흥망을 물어 무삼하리오.
>
> —삼봉공원에 세워진 시비 내용.

2006년 5월 초 삼봉의 출생지로 알려진 단양읍 별곡리의 '시무기'를 찾아보려고 단양으로 내려갔다. 그러나 별곡리의 여러 곳을 수소문해 보아도 마땅히 아는 사람을 만날 수 없었다. 워낙 주변이 개발되고, 나이든 토박이 주민들을 만나기가 어려웠기 때문이다.[1)]

사람의 일생은 그가 살아온 길, 그가 걸어온 삶의 궤적(軌跡)에 따라 설명된다. 모든 이단아들이 그렇듯이 삼봉도 참으로 곡절이 많은 삶, 고단한 길을 걸었던 인물이다. 대개 인물을 평할 때 난세가 영웅을 만들었다느니, 혹은 그 시대적 상황이 그를 혁명가로 만들었다고 말한다. 그러나 삼봉의 경우는 오히려 그가 선택한 혁명적이고 도전적인 방법으로 한 시대를 극복해 나간 인물로 평가해야 할 것이다.

단양 삼봉공원의 도담삼봉

'역성혁명' 강조하고 왕권보다 신권(臣權)을 중시

삼봉 정도전. 그는 이성계의 무력에 혁명의 이론과 당위성을 부여한 급진적 혁명이론가이자 '조선(朝鮮)' 이라는 명칭을 국호로 하는 왕조체제를 수립한 창업의 일등공신이며, 킹메이커이다.

한양 도성의 설계자요, 왕궁의 모든 궁궐과 전각, 한양 성문, 도성 5부 52방의 작명가이다. 새 조정의 왕권을 제한하고 재상(宰相) 중심의 신권(臣權)정치, 위민정치를 내세웠던 경세가이다. 요동 정벌과 내정 개혁의 선봉에 섰다가 '왕자의 난' 으로 그 제단에 피를 뿌린 비운의 정치가이다. 정치학 · 경제학 · 군사학 · 시문학 · 음악 · 역사 · 종교 등 각 분야에 뛰어났던 천재, 그가 바로 삼봉 정도전이다.

그의 험난하고 굴곡이 많은 인생 역정은 '혁명성(革命性)'과 '개혁성(改革性)'으로 정리할 수 있다. 이것을 다시 한마디로 요약하면 '도전성(挑戰性)'이 된다. 그의 도전성은 자신의 이름 '정도전'에서 비롯되었을까?

천자가 옳다 해도 간관(諫官)은 그르다 하며, 천자는 필히 행해야 한다고 해도 간관은 행치 못한다고 말할 수 있어야 한다.

민의 마음을 얻으면 민은 복종하지만, 민의 마음을 얻지 못하면 민은 군주를 버린다. 민이 군주를 버리는 데에는 추호의 에누리도 용납되지 않는다.[2] (원문 생략)

이 글에는 정삼봉의 혁명 사상과 개혁 성향, 왕권보다 신권을 강조한 대목으로서 그의 도전성이 잘 드러난다.

정삼봉의 출생과 관련해서는 여러 가지로 모호한 부분이 많지만, 단양지방에 전해지는 몇 가지 이야기를 여기에 소개하고자 한다. 그의 출생연도는 1337년이라는 설과 1442년이라는 설이 있으며, 출생지에 대해서도 단양읍 도전리(道田里)설과[3] 단양읍 별곡리(別谷里) 시무기설이[4] 있고, 이 밖에도 개성 출생설 등이 있다.

정도전의 부친 정운경(鄭云敬)은 봉화 정씨로서 고려 충혜왕 때 형부상서를 지낸 인물이다. 그가 젊었을 때 어느 관상가를 만났는데, 관상가가 그에게 말하기를 10년 뒤 결혼하면 재상(宰相)이 될 아

남한강변의 별곡리

들을 얻을 것이라 하였다.

정운경이 10년 동안 금강산에서 수양하고 고향 봉화로 돌아가다가 단양 도담삼봉에 이르러 어느 촌가에 유숙하게 되었다. 이때 단양 우씨라는 한 여인을 만나 서로 정을 나누게 되었고, 그렇게 태어난 아이가 정도전이라고 한다. 정도전의 호 삼봉(三峰)은 단양의 도담삼봉에서 비롯되었고, 그의 '도전(道傳)' 이라는 이름도 "길에서 얻었다"는 뜻으로 붙였다는 것이다.[5)]

정도전과 '별곡리', 서로 죽고, 죽이며, 헤어진 이별의 역사

또 남한강의 도담삼봉과 소년 정도전에 얽힌 이야기도 있다. 도담삼봉은 원래 강원도 정선에 있었던 삼봉산인데, 어느 장마 때 이곳까지 떠내려 왔다고 한다. 그래서 단양 지방에서는 해마다 정선 고을에 세금을 바쳤는데, 그때 소년 정도전이 나와 정선의 관리에게 말하기를 "우리가 삼봉을 정선에서 떠내려 오라고 한 것이 아니요, 오히려 떠내려 온 삼봉이 물길을 막아 우리가 피해를 보고 있으니 도로 가져가시오" 하였다. 이에 정선에서 온 관리는 아무 말도 못하고 돌아갔다는 것이다.[6]

여기서 정도전의 출생지에 대한 '도전리설'은 그의 이름과 마을 이름이 같아서 후대에 끌어다 붙인 것으로 보인다. 그것은 도전리 마을이 원래 '뒤밭'이라 부르던 곳이기 때문이다. 이 뒷=도(道)의 음차자(音借字)와 밭=전(田)의 훈차자(訓借字)가 결합하여 도전리가 된 것으로 보인다. 원래 정도전 삼형제는 맏이가 '도전(道傳)'이요, 둘째는 '도존(道存)', 막내가 '도복(道復)'으로서 "도를 전하고(傳), 도를 간직하고(存), 도를 회복하라(復)"는 부친의 뜻이 담긴 이름이었기 때문이다.

한편 한글학회의 《한국지명총람》은 정삼봉의 출생지로서 별곡리 시무기라는 곳을 꼽았다. 이곳은 가래골과 갈라골 사이의 비탈진 버덩이라고 하는데, 현지에서 '시무기'라는 이름의 내력도, 그 위치도 확인하지 못하였다. 그런데 '별곡리(別谷里)'라는 이름은 마을이 지형상 남한강변의 벼랑으로 되어 있어서 '벼리실', 혹은 '별실'이라 불렀던 곳이며, 한문의 '별곡'은 이 벼리실의 훈음차 표기인 것을 확인하였다.

여기서 벼리실=벼랑은 역사의 벼랑에 서 있었던 정삼봉의 생애를 떠오르게 한다. 그의 혁명과 개혁과 도전으로 점철된 파란만장했던 생애는 곧 벼랑에 선 인생, 그 험난한 인생 역정을 나타내는 것 같다.

별곡리의 '별(別)' 은 구분되고, 나누어지고, 헤어지는 것을 뜻한다. 그의 생애를 보더라도 '별(別)' 자로 시작되어 '별(別)' 자로 끝나는 것 같다. '폐가입진(廢假入眞)' 을 내세워 우왕, 창왕을 죽이고, 다시 공양왕을 몰아냄으로서 고려왕조와 결별하는 '이별' 이 그것이다.

당대의 명유이자 그의 스승이었던 이색(李穡)과[7] 또 그의 문하에서 함께 동문수학한 이숭인(李崇仁), 이존오(李存吾) 등을 몰아냄으로써 스승·벗과의 이별이 두 번째이다. 그 밖에도 요동 정벌을 꿈꾸며 명나라와의 이별을 준비하는 등 크고 작은 이별도 많았다.

그러나 그가 이성계를 통하여 이룩한 조선왕조는 이방원의 쿠데타를 통하여 그를 죽음으로 몰았고, 이 조선왕조와의 이별은 그를 왕조사에서 배반자·이단자로 깎아내리고 폄하하기에 이르렀다. 그러므로 삼봉의 생애는 고려 말 – 조선 초기의 수많은 역사적 사건을 거치며 서로 죽고, 죽이며, 헤어지고 이별하는 '별리(別離)의 역사' 라고 해야 할 것이다.

서자 – 첩의 자식, 얼자 – 여종의 자식에 대한 차별론의 대두

이방원에게 죽은 정삼봉은 그의 행장이나 묘비조차 오늘날 전해지지 않는다. 그의 가계와 출생지 등이 아직도 미궁 속에 있는 부분이 많다. 그의 사후에 씌어진 많은 역사적 기록들은 그의 부정적인 면을 강조하고 있다.

> 양조에 한결같이 공력을 다 기울였고,
> 책에 담긴 성현의 말씀 저버리지 않았네.
> 삼십 년 긴 세월 고난 속에 쌓아온 사업
> 송현방(松峴坊)[8] 정자 한잔 술에 허사가 되었네. (원문 생략)

이것은 〈자조(自嘲)〉라는 시로서 그가 죽음을 앞에 두고 마지막으로 읊은 작품으로 전해진다.

한편 정도전의 호 '삼봉'에 대하여는 그의 출생지로 전해지는 담양의 '도담삼봉 설'과 서울 삼각산의 '삼봉 설'이 있는데, 이 밖에 지금 한국토지공사에서 시행하고 있는 개성공업단지 사업지구의 '삼봉천(三峰川)'도 생각해 볼 수 있다. 단양의 도담삼봉이나 서울 삼각산, 개성 일대가 모두 정도전이 살았던 곳이거나 그 출생과 관련되는 곳이기 때문이다.

마지막으로 《고려사》나 《조선왕조실록》(태조실록)에서 논란이 된 삼봉의 가계(家系)를 그의 행적과 연결하여 살펴보자.

삼봉은 그의 어머니와 아내가 모두 연안 차씨의 외예얼속(外裔孽屬)이었으며, 특히 모계에 노비의 피가 섞여 있었다고 한다.[9] 여기서 외예얼속이란 외갓집이 종의 자식과 관련되었다는 뜻이다. 환속한 노비의 아내가 주인과 사통하여 낳은 딸이 그의 외조모가 되었으므로, 신분과 혈통을 중요시하던 선비 사회에서 그의 모호한 가계가 표적이 된 것으로 보고 있다.[10]

삼봉을 제거한 이방원이 임금이 되자 서자(庶子; 첩의 자식), 얼자(孼子 ; 종의 자식)에 대한 차별, 곧 '서얼차별론'이 대두하는데, 그 바탕에는 삼봉 정도전과 그가 가까이 하였던 서얼 세력에 대한 경계심이 깔려 있었던 것으로 보인다.

한편, 이 '서얼(庶孼)'과 관련하여 남한강의 도담삼봉(嶋潭三峰)에도 재미있는 이야기가 전해지고 있다. 도담삼봉의 세 봉우리 중에 가장 높은 가운데 봉우리를 남봉(男峰)이라 하고, 나머지는 처봉(妻峰)과 첩봉(妾峰)이라 한다.

도담삼봉의 첩봉, 그리고 첩 소생의 방석을 지지한 정도전

전해지는 이야기인즉, 본처에게 아이가 없어서 남편이 첩을 얻어 아이를 갖게 되었다. 그래서 북쪽 봉우리인 첩봉은 불룩해진 배를 내밀고 남편을 향하여 교태를 부리고 있는데, 남쪽 봉우리인 처봉은 남편에게 등을 돌리고 토라져 앉아 있는 모습이라는 것이다.

이 도담삼봉의 처와 첩 이야기는 정삼봉을 일생 동안 따라다닌 '서얼 차별' 문제와 통하는 바가 있다. 그런가 하면, 정도전은 세자 방석(芳碩)을 지지하였다. 방석은 태조의 계비(繼妃)인 신덕왕후 강씨 소생으로서 말하자면 첩의 소생이다. 정도전은 자신의 모계가 서얼과 관련되었으므로, 심정적으로 첩의 소생인 방석을 지지하였

종묘공원의 정도전 부조상

고, 그로 말미암아 이방원에게 살해된 것처럼 보이기도 한다.

외조모가 종의 자식이라는 점이 평생 동안 그를 따라다니며 괴롭혔던 삼봉 정도전. 도담삼봉 또한 처봉과 첩봉의 갈등을 담고 있으며, 자신은 결국 첩의 자식인 방석을 지지했다가 이방원에게 피살되었으니, 서얼이야말로 정도전의 탄생-출세-죽음에 이르기까지 평생을 따라다닌 그림자였던 셈이다.

조선이 개국한 뒤 정도전은 자신을 한고조 유방(劉邦)의 개국공신 장량에 견주었다. 그리고 "한 고조가 장량을 등용한 것이 아니라 장량이 한 고조를 이용했다"는 말로 자신과 태조 이성계의 관계를 비유하였다.

그러나 한 고조가 천하를 통일하자 장량은 스스로 명철보신(明哲保身)하여 토사구팽(兎死狗烹)을 당하지 않았다는 사실을 삼봉은 깨닫지 못한 것 같다. 그는 조선왕조 창업 이후에도 개혁과 정치의 주도 세력으로 나섰다가 왕자 이방원의 기습을 받고 쓰러진 일세의 풍운아이다. 공이 크고 자리가 높아지면 그만큼 위험해진다는 것을 당대 최고의 경세가였던 그도 미처 생각하지 못했다.

삼봉의 후손들은 도담삼봉과 관련된 소년 정도전 이야기, 매포읍 도전리와 정도전의 출생에 얽힌 구전(口傳) 등을 부정하고 있다. 이 글은 삼봉의 역사적 공과(功過)를 논하기 위함이 아니다. 다만 그의 탄생과 출세, 그리고 그의 죽음에 이르는 일대기를 단양의 여러 지명을 통하여 조명해 보았을 뿐이다. 1375년(고려 우왕) 삼봉이 나주로 유배를 떠나면서 쓴 〈감흥〉이라는 시에는 그의 생과 사에 대한 결연한 태도가 잘 드러나 있다.

예부터 사람은 한 번 죽는 것

살기를 훔치는 것은 바라는 바가 아니다.

自古有一死

偸生非所安

1) 그러나 이종열 씨(도담리 도담삼봉 광장의 대성공예기념품점, 043-421-3796, 핸드폰 011-9406-1021)로부터 단양 지방의 지명 전문가로 가나건축 사장 장대현 씨(019-9725-3669)를 소개받은 것이 큰 소득이었다.
2) 위 글은 정도전의 《경제문감 하》에 나오며, 왕권에 대한 신권의 강화를 뜻한다. 아래 글은 그의 《조선경국전》에 나오는 글인데, 모두 《맹자》에 나오는 〈이신벌군(以臣伐君)〉이나 〈역성혁명(易姓革命)〉의 이론을 반영한 것이다.
3) 이창식, 《단양8경 가는 길》, 푸른 사상, 2001, 53쪽.
4) 한글학회, 《한국지명총람》 충북 편, 단양군, 111쪽.
5) 한영우, 《왕조의 설계자 정도전》, 지식산업사, 1999, 22~26쪽.
6) "떠내려 온 섬"과 같은 유형의 설화를 '부래형(浮來形) 설화'라고 한다. 대개 소년 재사(才士)가 나타나 세금 분쟁을 해결하는 것으로 귀결된다.
7) 이색의 부친 이곡(李穀)과 정도전의 부친 정운경은 교분이 두터웠으므로 정도전을 이색의 문하로 들어가게 한 것으로 보고 있다.
8) 송현방은 지금 서울 종로구의 한국일보사 부근으로서 그가 죽은 곳이다.
9) 한국정신문화연구원, 《한국 인물 대사전》, 중앙일보사, 1999, 1,985쪽.
10) 조선일보사, 《월간조선》 2005년 12월호, 536~542쪽.

진주시 진(陣) 배미

백의종군하던 이충무공, 진(陣) 훈련하던 곳

나라가 죄 씌웠으니 무슨 할 말이 있으랴.

'진배미' 또는 '진터'라고 부르는 논배미 이름을 들어본 적이 있는가. 왜 하찮은 논배미 이름에 관심을 가져야 하는가. 모든 지명은 이름 붙인 동기나 내력을 지니게 마련이지만, 이 논배미는 좀 각별한 사정을 지녔기 때문이다.

사실 충무공 이순신 장군이 남해안에서 왜적을 물리치면서 생겨난 이름, 또 그의 발자취가 남겨진 곳, 혹은 후대에 그를 추앙하고 기리기 위하여 붙인 지명은 전국적으로 30여 군데가 넘는다.[1]

그 가운데 하나가 진배미인데, 경상남도 진주시 수곡면 원계리의 길가에 있는 평범한 논이다. 본래 이름 없던 논배미지만 그 시대의 인물을 만나 이름을 얻음으로써 후손들에게 역사의 자취와 인물의 행적을 전해주고 있는 것이다.

왜적의 침략으로 조선은 풍전등화의 위기를 맞이했다. 나라의 북쪽 끝 의주 압록강변으로 도망친 임금은 명나라에 구원을 요청하는 한편, 여차하면 명나라로 피할 생각이었다. 그 당시 명나라에서는 조선 임금 일행의 만주 입경을 허락하였으나 그 인원을 1백 명 이내로 하고 거주지도 압록강 건너 관전현으로 제한하겠다는 회답을 보내오기도 하였으니, 그때 선조가 얼마나 창황망조(蒼惶罔措)하였는지 알 수 있을 것이다.

또 바다의 싸움은 어떠하였던가. 남해 바다를 틀어막고 연전연승하면서 왜적 수군의 진출을 막았던 이 충무공은 1597년 적의 모략에 빠진 우매한 조정 탓에 그 관직이 박탈되었다. 한산도를 떠나 서울로 올라온 이순신을 선조는 당초 사형에 처하려 하였다. 그러나 판중추부사 정탁 등의 간곡한 만류로 간신히 목숨을 구하는 한편, 특사로 출옥해 권율 장군 휘하에서 백의종군(白衣從軍)하게 되었다.

그러나 이순신이 없는 바다는 왜적의 독무대였다. 그들은 다시 마음 놓고 우리 바다를 유린하였다. 충무공의 후임자였던 원균의 수군은 무참히 패하였고, 원균은 전사하였다. 다급해진 조정에서는 다시 이순신에게 삼도수군통제사의 발령을 내렸다. 선전관 양호를 통하여 부랴부랴 교유서(教諭書)를 진주에 있던 이순신에게 보냈는데, 그때 보낸 편지가 구구절절 사과하는 내용이었다.

> 앞서 경의 직책을 갈고 죄를 씌운 것은 사람의 지혜가 부족한 데서 나온 것으로 그로 말미암아 오늘날 패전의 욕을 당했으니 무슨 할 말이 있으랴. 무슨 할 말이 있으랴.

(1597년) 8월 3일(음).

이른 아침에 선전관 양호가 교유서를 가져오니 그것이 곧 겸삼도통제사(兼三道統制使)의 임명이다. 엄숙하게 절한 후 받들고 받았다는 서장(書狀)을 써서 봉하고 곧 출발하여 두치(豆峙)로 가는 길로 직행하다.

뒤의 기록은 《난중일기》에 나오는 충무공의 일기로서, 조정에서 내려온 사령장을 받자마자 잠시도 지체하지 않고 수군과 배를 점고(點考)하기 위하여 바로 서쪽으로 향하는 이 충무공의 마음이 잘 나타나고 있다.

이 충무공이 백의종군 하던 길에, 모여든 부하 7명과 함께 이곳에서 진(陣) 훈련을 하였으므로 진터 또는 진배미라 부르게 되었다. 이름 없던 길가의 논은 이 충무공에게 삼도수군통제사의 사령장이 전해지는 곳이 되었다. 백의종군의 참담한 상황에서도 잠시도 쉬지 않고 부하들과 훈련을 하면서 싸움에 대비하던 한결같은 그의 마음을 다시 새겨보게 하는 대목이다.

선조 임금으로부터 미움 받았던 구국의 영웅

그 뒤 충무공이 배 12척으로 왜적의 대 함대를 무찌른 명량대첩이나 그가 순국한 노량대첩은 너무나 잘 알려진 이야기이니 여기서 더 말해 무엇 하랴. 이 충무공과 우리의 수군은 토담처럼 무너져가는 이 나라를 붙들었던 마지막 보루였다.

벽파진 푸른 바다여! 너는 영광스런 역사를 가졌도다. 민족의 성웅 이 충무공이 가장 어렵고 외로운 고비에 빛나고 우뚝한 공을 세우신 곳이 여기더니이다.

이것은 진도 벽파리에 있는 이 충무공 전첩비문의 일부이다.

선조가 이순신을 미워했다는 것은 《조선왕조실록》이나 여러 문헌의 기록으로 대개 알려진 이야기이다. 그 한 예로서 임진왜란이 끝나고 논공행상을 위한 심사가 시작되었는데(1601~1604) 이때 문신은 호성공신(扈聖功臣; 임금이 의주까지 피난할 때 임금과 함께한 공로), 무신은 선무공신(宣武功臣)으로 책봉하였다.

그런데 백성과 서울을 버리고 의주로 도망갔다가 아예 압록강을 건너 만주의 명나라로 피하려 했던 임금은, 자기를 뒤따르던 신하들은 86명이나 호성공신으로 책봉한 반면에 막상 적과 싸우면서 나라를 지킨 이들에게 내린 선무공신은 18명에 지나지 않았다(물론 여기에는 곽재우와 같은 의병장들이 모두 빠졌다).

그것도 처음에는 이미 죽은 이순신과 권율, 원균 세 사람만 공신으로 책봉하였고 원균은 당초 선무 2등이었으나 임금이 "이순신과 공이 같다"고 주장하여 선무 1등으로 올린 것이다. 명나라 수군 제독 진린은 물론[2] 온 백성이 추앙해 마지않았던 이 충무공이 선조 임금에게는 언제나 미운털 박힌 존재요, 부정해야 할 존재였던 모양이다.

그러므로 이 충무공이 마지막 노량해전에서 전사했던 상황을 놓고도, 오늘날 학자들에 따라서는 그가 임금의 증오를 피하기 위하여 일부러 앞장서서 적의 표적이 되었다는 주장까지 제기하고 있는 것이다.

흔히 영웅의 삶을 이야기할 때 천시(天時; 하늘의 때), 지리(地利; 땅의 이로움), 인화(人和; 사람끼리의 화목) 세 가지가 조화되어야 한다고 말한다. 그러나 충무공은 속 좁은 임금을 비롯하여 파쟁에 눈이 뒤집혀 국가의 존망이 안중에도 없는 신료들, 그리고 그의 보임을 시기하는 동료들 사이에서 왜적의 수군을 상대해야 하는 상황이었다. 임금과 신하와 백성들이 혼연일체가 되어서 적을 물리쳐야 할 때였음에도 임진왜란 당시 이 충무공에게는 천시와 인화가 미치지 못하였음을 알 수 있다.

산천은 인걸로 말미암아 이름을 얻고, 그 이름에 힘입어 더욱 빛난다. 이름 없던 논배미가 성웅 이순신 때문에 이름을 얻고 소용돌이쳤던 그 시대 역사의 편린을 전해주고 있으니, 아무리 하찮은 지명일지라도 그 중요성을 다시 생각해보게 되는 것이다.

---

1) 김기빈, 《역사와 지명》, 살림터, 1996, 131~142쪽

2) 진린은 이 충무공을 평하여 "하늘로 날을 삼고 땅으로 씨를 삼아 온 천하를 경륜하여 다스릴 인재요, 하늘을 깁고 해를 목욕시키는 천지에 가득 차는 공로"라고 극찬하였다(《난중일기》, 집문당, 1980년).

광양시 문덕봉과 매화마을, 구례군 매천사당과 천은사

매화꽃과 매천 황현, 천은사와 매천사당의 인연

文德峰 梅泉祠堂 泉隱寺

섬진강변 매화, 고고한 선비 지조 기리는 듯

해마다 겨울이 다 가기 전부터 봄은 사람들의 마음속에 기다려지는 존재이다. 그리하여 "봄이 언제쯤 올까, 봄이 어디까지 왔을까. 언제 매화가 필까" 하고 조바심을 내기도 하는데, 이런 뉴스는 대개 남도의 봄소식으로 전해지게 마련이다.

이 땅에 봄소식의 대명사처럼 통하는 것이 바로 섬진강변 광양의 매화와 구례의 산수유 그리고 하동의 벚꽃이다. 그 가운데서도 매화는 삼월 초가 되면 맨 먼저 올라오는 춘신(春信)이다.

이 소식이 전해지면서 우리 마음속에도 "아 봄이 올라오고 있구나" 하는 계절감이 스며들게 된다. 봄의 북상이 비록 시기적이요 지리적인 것이라고 할지라도, 봄은 결국 우리 마음속으로 찾아 들어오는 것이다. 그러면 사람들은 부랴부랴 꽃향기나 풋풋한 봄내음을 찾아 행장을 꾸리게 되는 것이다.

이런 봄의 전령사로서 섬진강변 광양의 매화꽃[1) 소식이 들려올 때마다 떠오르는 인물이 있다. 바로 구한말의 선비 매천(梅泉) 황현

(黃玹; 1855~1910)이다. 왜 그를 떠올리게 되는가. 매화는 선비의 지조를 상징하는데, 그 매화의 고결함을 간직한 선비가 바로 황매천이기 때문이다. 또 그는 광양시 석사리의 문덕봉(文德峰) 아래서 태어났고, 그의 호 '매천'의 '매(梅)'가 바로 매화이니 참으로 어울리는 이름이 아닌가.

> 천연한 옥색은 세속의 어두움을 뛰어 넘고
>
> 고고한 기질은 뭇 꽃의 소란스러움에 끼어들지 않는다.

이것은 퇴계 이황의 〈호당매화〉라는 글이다. 매화를 얼마나 사랑했으면 매화를 향하여 매형(梅兄), 매군(梅君), 매선(梅仙)이라 부르며 인격체로 대접하였을까.[2] 예부터 매화는 선비의 상징이다. 추위를 이겨내고 꽃을 피우는 것이 불의에 굴하지 않는 선비 정신의 표상이 된 것이다. 그래서 매화는 선비의 지조, 고결한 기품, 고고한 덕을 상징한다.

> 백설이 잦아진 골에 구름이 머흘레라.
>
> 반가운 매화는 어느 곳에 피었는고.
>
> 석양에 홀로 서 있어 갈 곳 몰라 하노라.
>
> —이색

목은 이색이 쓴 이 시조는 매화를 고결한 선비에 비긴 최초의 시조로 알려져 있다.[3] 그런가 하면 성삼문이 그의 호를 '매죽헌(梅竹軒)'이라 하여 매화와 대나무의 높은 지조를 본받고자 하였다든지, 송나라의 임포라는 선비가 스스로 '매처학자(梅妻鶴子)'라 일컬으며 매화를 아내 삼고 학을 자식 삼아 서호의 고산(孤山)에 은거하였다든지, 안민영이 '영매가(詠梅歌)'를 지어 매화를 찬양한 것처럼, 황현은 그의 호 '매천(梅泉)'을 통하여 매화의 지조를 기렸던 선비다.

> 지금 눈 내리고
>
> 매화향기 홀로 아득하니
>
> 내 여기 가난한 노래의 씨를 뿌려라.
>
> — 이육사, <광야> 가운데서

여기서는 시인이 매화 향기를 통하여 조국 광복의 꿈을 꾸고 있어서 매화=절개(지조)=선비 정신이 일관되게 흐르고 있음을 보여준다.

"글 배운 사람노릇 이처럼 어렵구나."

1910년 7월 25일 경술국치로 나라가 망하고 순종 황제가 나라를 양보한다는 조칙이 8월 3일 구례 고을에 전해졌다. 이를 처음 보고 황현은 비통하여 음식을 입에 대지 못했다. 이어서 8월 5일《황성신문》을 본 뒤 이날 밤 4시 무렵에 명시와 함께 유서를 남기고 자결하였다. 향년 56세였다.

구례 매천사당

과거시험에서 황현의 글을 읽어 본 시험관은 크게 놀라 그를 1등으로 뽑았다. 그러나 시관은 그가 시골 사람으로 문벌이 낮음을 알고는 2등으로 깎아내렸고, 따라서 회시(會試)를 보지 못하게 되었다. 이런 쓰라림을 겪자 벼슬을 단념하고 산중에서 글이나 읽으려고 작정하여 귀향하였다. 그러다가 부친의 성화로 다시 서울 회시에 나가 당당히 장원으로 급제하였으나, 그가 받은 벼슬은 고작 '생원'[4] 이라는 시골 사람 벼슬이었다.

그는 세종 때의 명재상 황희의 후손으로 1855년 지금의 전라남도 광양시 봉강면 석사리 문덕봉(文德峰) 아래서 태어났다. 그가 죽자 김택영이란 선비가 〈성균관 생원 황현전〉을 지었는데, 이 글에서 그를 이렇게 평하였다.

황현의 시는 조선조 5백 년에 있어서 몇 손가락 안에 꼽힌다. 그의 십절도시(十節圖詩)는 더욱 아름다우니 피맺힌 충성심에서 우러나온 것이기에 기교를 부리지 않아도 자연히 잘 된 것이리라. …… 황현의 뛰어난 문장에 높은 절개를 더하니, 그 빛이 백세에 드리울 것을 어찌 의심하랴.

그가 태어난 문덕봉은 이미 풍수가들 사이에 "뒷날 세상에 이름을 날릴 큰 문장이 나올 것"이라 전해졌는데, 그가 바로 매천이라는 것이다.[5)]

다음의 시는 그가 마지막으로 남긴 절명시(絶命詩)이다.

새 짐승 슬피 울고 산천도 찡그리니
무궁화 우리 세상 이미 없어졌구나.
가을 등불 아래 책 덮고 천고의 일 생각하니
글 배운 사람 노릇 이처럼 어렵구나.

역사 앞에 준엄하였던 선비 매천 황현.

저 유명한 《매천야록》은 고종과 순종 때의 국내 실정을 춘추필법으로 날카롭게 비판하여 해방 뒤 국사편찬위원회 사료총서 제1집으로 간행될 만큼 우리 근세사의 생생한 산 기록이다.

나라에서 한 톨의 녹도 받지 않았으니 조정과 생사를 같이할 의

광양 섬진강변 매화마을

리도 책임도 없었다. 한미한 말직의 생원이 나라에서 준 유일한 벼슬이건만, 직위를 떠나 글 읽는 선비로서 혼탁한 조정과 미쳐 돌아가는 세태에 휩쓸리기를 거부하다가, 나라가 망하자 이 세상에 숨쉬며 살아 있는 것을 부끄럽게 여겼던 참 지식인.

그의 유고시집 《매천집》 세 권은 그가 죽은 이듬해 영·호남 선비들의 성금으로 출간되었으며, 광양 우산리 향교 앞 조산에는 황매천 추모비가 세워져 있다. 또 전남 구례군 광의면 수월리 월곡의 유

명한 천은사(泉隱寺) 아래에는, 매천이 광양에서 옮겨와 살다가 민족혼을 지켜 죽어간 그의 집과 방이 그대로 보존되어 매천 사당으로 남아 있다.

그러고 보면 '광의면(光義面)' 이라는 이름도 황매천으로 말미암아 그 의(義)가 더욱 빛〔光〕나게 되었고, 또 사당 뒤의 천은사(泉隱寺)라는 신라 때 고찰은, 매천〔泉〕이 절 아래에서 은거〔隱〕하였으니 마치 그를 위하여 준비된 이름이었던 것 같다.

3월에 섬진강변 매화꽃을 보러 갈 때에는 눈보라 속의 매화처럼 우리 역사에 진한 향기를 남기고 스러져간 황매천을 생각해 볼 일이다. 그리고 광양 매화마을에서 가까운 구례 매천 사당에도 한번쯤 들러볼 일이다.

---

1) 광양 섬진강변 매화꽃은 다압면 다사리의 '청매실농원' 뿐만 아니라 그 일대 5~6킬로미터의 도로변에 흐드러져 있다.
2) 퇴계는 임종하던 날 아침에 "매화에 물을 주어라" 고 당부할 만큼 매화를 사랑하였다.
3) 동아출판사, 《한국문화상징사전 1》, 1996, 269쪽.
4) 문과(文科)에는 대과와 소과가 있었는데, 생원은 소과 합격자로서 소과를 달리 사마시(司馬試)라고도 하였다. 생원이나 진사가 되면 성균관에 입학하여 원점 300을 딴 다음에 대과에 응시할 수 있었다.
5) 황매천이 죽은 뒤 그의 글이 세상에 알려지자 사람들이 평한 말이다. 이 문덕봉 서석재 서쪽에 황매천의 묘소가 있다.

태안반도 만리포, 천리포, 백리포, 십리포, 일리포와 태백산

천 이백여 년 전 이태백 글씨 전해지는 해안 절벽

萬里浦 千里浦 百里浦
十里浦 一里浦 太白山

재보나 마나 만리포, 말이 좋아서 일리포, 멋있는 이름들

지도를 들여다보면 알겠지만, 우리 국토(남한)의 서쪽 끝, 곧 중국과 가장 가까운 서쪽 땅 끝은[1] 충남 태안군 소원면 모항리 개고지 해안 돌출부이다. 중국과 마주하여 가깝다 보니 바다가 조용히 잠들면 중국 산동 반도에서 닭 우는 소리가 황해 격열비열도(格列飛列島) 까지 들린다는 우스갯말도 있다.

이곳에서 북쪽으로 톱날처럼 돌출한 리아스식 해안선을 따라 올라가면 유명한 만리포해수욕장을 비롯하여 천리포, 백리포, 십리포, 일리포라는 이름의 해수욕장이 차례로 나타나며, 모두가 태안해안국립공원에 속한 지역이다.

만리포 해수욕장은 실제 길이가 십 리 남짓하지만, 바닷가 모래사장이 특히 멀고 길어 보여 옛 사람들이 만리포라 불렀을 것이다.

여기서부터 차례로 붙여진 해안 백사장 이름이 천리포부터 일리포까지 십진법에 따라 한 단위씩 해안 길이를 줄여나간 것인데, 참으로 멋있는 발상이요, 재미있는 이름이라고 할 수 있다. 그러나 천

유조선 충돌사고로 말미암아 기름에 뒤덮이기 전의 만리포 해수욕장

리포, 백리포, 십리포, 일리포를 실제로 가보면 고만고만한 백사장들이 연이어져 나오면서 저마다 독특한 풍경을 자랑하는 곳들이지 실제 백사장 길이는 별 차이가 없다.

그래서 "재보나 마나 만리포(萬里浦) 천리포(千里浦)요, 가보나 마나 백리포(百里浦) 십리포(十里浦)에, 말이 좋아서 일리포(一里浦)……"[2] 라고 하였으니, 그 이름 속에 너그러운 이 지방 기질이 숨어 있는 것 같다.

그런데 필자가 이 지역을 서너 차례 답사해 본 바에 따르면, 천리포는 유명한 천리포 수목원을 비롯하여 해수욕장으로도 이름이 널리 알려져 있고, 백리포 역시 나름대로 알려진 해수욕장이다. 그러

구름포(일리포) 해수욕장

나 십리포는 지금 소원면 의항리(蟻項里=개목→갬목→개미목) 해수욕장을 말하는 것이며, 일리포는 따로 있는 이름이 아니라 의항리에서 1.5킬로미터쯤 북쪽에 있는 구름포 해수욕장이 될 수밖에 없다.

이 만리포부터 일리포에 이르는 이름에 대하여 나름대로 그 유래가 전해진다.

지리적으로 태안 · 서산 · 당진 일대는 조선 시대 명나라 사신의 영접과 전별이 자주 있었던 해안이다. 세종 때에도 그런 일로 조정에서 문장과 덕망을 겸비한 황희와 맹사성 대감이 이곳까지 내려오게 되었다.

두 분이 이곳 해안을 거닐다가 농담이 오고 가게 되었는데, 누군

가가 먼저 "이 해안에 깔린 십 리, 백 리, 혹은 천 리의 모래알을 능히 헤아릴 수 있겠소?" 하고 묻자, 한 사람이 대답하기를 "어렵지 않소. 모래밭이 백 리로 보인다면 바위 백 덩이가 부서져 이룬 모래밭이며, 또 그것이 만 리로 보인다면 만 개의 바위가 부서진 모래밭일 것이요" 하고 대답하여 서로 파안대소하였다고 한다.[3] 이 두 분의 문답이 오늘날 만리포부터 일리포에 이르는 이름의 유래로 널리 소개되고 있는 것이다.

똑딱선 기적 소리 젊은 꿈을 싣고서

갈매기 노래하는 만리포라 내 사랑

널리 알려진 애창곡 〈만리포 사랑〉이라는 노래의 처음 두 구절이다. 바다를 향하여 두 팔을 벌리고 있는 듯한 만리포 해수욕장에 가면 그 입구에 이 노래비가 서 있다. 만리포는 연인들의 낙원이다. 이곳 소원면에 소근리가 있듯이, 연인들이 '소근소근' 사랑을 속삭이는 곳이요, 또 그런 '소원' 이 이루어지는 곳이란다.

그런데 이곳 태안해안국립공원 안에는 요즈음 알려진 곳으로서 태백산이 있는데, 여기에 재미있는 전설이 전해지고 있다.

바닷가의 이태백이 글씨 썼다는 바위, 그래서 태백산

우리나라(남한)에는 '태백' 이라는 이름을 가진 산이 7개가 있다. 그 가운데 특히 유명한 강원도 태백산(太白山)은 그 이름이 배달민족의 '밝' 사상에서 비롯되었으며, '한밝돌'이라는 우리말의 한문 표기이다. 이곳 태백산은 앞에서 소개한 태안해안국립공원 안 일리포(구름포) 해수욕장으로부터 이 반도의 돌출부 끝 지점에 있다.

강원도 태백산과는 비교할 수 없는 높이 47.3미터의 해안 돌출부로서 이곳을 태백산이라 하고,[4] 또 이 산의 서쪽 해안 벼랑도 현지에서 '태백'이라 부르고 있는데, 왜 그렇게 부르게 되었을까? 이 고장 사람들에게 물어보았더니 모두가 "중국 당나라 시인 이태백(李太白; 701~762)에서 비롯된 이름"이라고 한다.

옛날 중국 당나라의 시인 이태백이 바다 건너 우리나라로 놀러왔는데, 이곳 경치에 반하여 풍류를 즐기면서 이 해안 바위에 시를 써두고 갔다는 전설이 전해지고 있다. 그때 그가 시를 썼던(바위에 새긴 것이 아니라 글씨를 쓴 것이라고 함) 바위를 태백이라 부르고 있는데, 이 바위에 지금도 술을 부으면 그때의 글씨가 희미하게 나타난다고 하며, 그것은 이태백이 특히 술을 좋아했기 때문이라는 것이다.[5]

"천자호래불상선(天子呼來不上船) 자칭신시주중선(自稱臣是酒中仙)" 곧 "천자가 불러도 올 생각을 안 하니 나는 술 속의 신선"이라 하였던 그의 기개와 면목이, 이곳 태안해안국립공원 바위 절벽에 남아 있는 셈이다.

2007년 3월 초 이 바위를 찾아서 태안 해안으로 내려갔다. 그러나 구름포(일리포) 해수욕장 북쪽 바닷가만 헤매다가 되돌아오고 말았다. 다시 그해 3월 20일 무렵 또 내려갔다. 비포장 산길 도로를 따라 천신만고 끝에 태백산 서쪽 해안까지 갈 수 있었다. 마침 바닷가

이태백의 글이 남아 있는 태안 해안의 바위

에서 갯지렁이를 잡는 사람이 있어서 '이태백 글 쓴 바위'를 물었더니 자세히 알려주었다(현지 안내원이 없으면 바위를 찾는 것은 거의 불가능하다).[6)]

이 바위에 준비해간 술을 부어서 글씨가 나타나는지 살펴보았다. 그랬더니 술을 부은 뒤 바위 벽면의 윤곽이 뚜렷해지기는 하였으나, 흐려서 글씨를 판독하기는 어려웠다. 설령 전설이 사실이라 하더라도 1천2백 년 이상 된 글씨가 지금까지 잘 판독이 된다면 그야말로 세계적인 불가사의 가운데 하나가 될 것이다.

술과 달을 사랑했던 낭만 시인 이태백. "나는 본래 초나라의 미치광이"라 하면서 데카당스적인 광기로 통음고가(痛飮高歌)하였던 그가 "달아 달아, 밝은 달아. 이태백이 놀던 달아." 하던 그 달 속 주인공이 아니라, 이 땅 태안반도 해안 절벽에 '태백'이라는 이름으로 남아 있으니 그것이 필자에게는 마냥 신기하게 느껴질 뿐이다.

그래서 그의 작품 〈장진주(將進酒)〉의 일부를 여기에 실어본다.

> 그대는 보지 못하는가.
>
> 하늘에서 내린 황하의 물이
>
> 바다에 쏟아져 다시는 돌아가지 못함을.
>
> 그대는 보지 못하는가.
>
> 거울 속에 백발을 슬퍼하는 높은 이들을.
>
> ……
>
> 황금 술잔 빈 채로 달 앞에 놓지 말라.

하늘에서 날 만드니 필시 쓸모가 있을 것이요.

천금을 탕진해도 다시 되돌아오나니

양 잡고 소 잡아 한바탕 즐기세

한번 마셨다 하면 의당히 삼백 잔이로다.

君不見

黃河之水天上來

奔流到海不復回

君不見

高堂明鏡悲白髮

……

莫使金樽空對月

天生我材必有用

千金散盡還復來

烹羊宰牛且爲樂

會須一飮三百杯

이 원고를 쓴 시기가 2007년 9월 무렵인데, 그해 12월 태안 앞바다에서 유조선 충돌사고로 말미암아 수려한 태안 앞바다와 해안선 일대가 기름바다가 되었다. 대통령 선거와 함께 시국이 어수선하던 시절이었다. 그러나 전국적으로 태안 앞바다를 살리자고 수많은 자원봉사자들이 땀을 흘리며 태안으로 달려가 기름 제거 작업에 솔선함으로써 세계가 놀랄 만큼 신속한 피해 복구 작업이 이루어진 것이다.

이제 만리포를 비롯한 태안 일대의 해안은 그때의 자원봉사자들이 당시 기름을 제거하던 추억을 떠올리는 곳으로 각광받으면서 더 많은 방문객이 생겨날 것이다.

---

1) 그러나 섬을 포함하여 서쪽 땅 끝 지점은 전남 신안군 흑산면 가거도리의 소국흘도(무인도)이다.

2) 이문구, 《신동국여지승람》 충남 서산 편, 서울신문, 1983.

3) 서울신문, 2)와 같음.

4) 영진문화사, 《영진 5만지도》, 2004, 212쪽. 의항리 북쪽 반도 끝 지점, 태백산으로 표기.

5) 정우영 씨(전 태안문화원장, 019-383-2006), 김관수 씨(의항리장, 016-9656-2739), 문운배 씨(의항리 2구 거주, 016-712-8000) 등.

6) 이곳을 찾아가려면 현지 사정을 아는 사람의 안내가 꼭 필요하다. 가는 길은 의항리 해수욕장을 지나 구름포 해수욕장으로 가다가 산등성이 갈림길에서 오른쪽으로 비포장도로를 끝까지 나가면 옛 군부대 막사가 나오는데 이곳에 주차하고 그 서쪽 해안 절벽을 찾아야 한다. 벼랑과 웅덩이가 많아서 위험하며 일반 승용차로는 들어서기가 쉽지 않다.

오대산과 월정사, 우통수와 적멸보궁

여성적인 오대산과 달의 정기 뜻하는 월정사의 인연

五臺山 月精寺 于筒水 寂滅寶宮

오대산-둥글고 순하고 부드러운 어머니 같은 산

2003년 말 무렵이던가. 눈 덮인 강원도 오대산에서 산새들이 관광객의 머리, 어깨, 손 위에 내려앉는 광경이 보도된 적이 있었다. 물론 사람들이 먹이를 주기 때문이지만, 참으로 보기 드문 진기한 모습이었다. 사람과 산새의 교감-불교 성지이자 자연보호가 잘되고 있는 오대산이기에[1] 그 정경이 더욱 신비하게 느껴졌던 것이다.

오대산(五臺山)은 어떤 산인가.

먼저 오대산의 이름 앞에 붙어 있는 그 '오(五)' 자부터 한번 살펴보자.

'5'는 이 세상을 이루는 근본 숫자이자 성수(聖數)로 꼽는 숫자 가운데 하나이다. 사람은 몸에 오장(五臟)을 지니고, 오곡(五穀)을 먹으며, 오륜(五倫)의 법도에 따라 오복(五福)을 누리며 산다.[2] 이때 사람이 지켜야하는 다섯 가지 도리를 오상(五常)이라 하고, 유교에서는 특히 오덕(五德)을 강조하며, 사람이 살아가는 데 필요한 오방(五方)이니, 오관(五官)이니, 오미(五味)니, 오색(五色)이니……. '오(五)'

오대산 비로봉

가 붙은 항목을 열거하려면 끝이 없다.[3)]

이처럼 인간이 '5' 라는 숫자를 좋아하게 된 것은 사람의 손가락이 각각 다섯 개라는 점, 5가 양에 해당하는 완전한 길수(吉數)라는 점, 5가 겹치는 단오날은 태양이 가장 순수하고, 그 빛이 왕성한 날로서 1년 가운데 양기가 가장 성한 때라는 점 등을 꼽기도 한다.

음양(陰陽)은 천지만물을 이루는 상대적인 두 가지 성질로서 동양적인 우주의 이원원리(二元原理)를 상징한다. 그리하여 '천양지음(天陽地陰)' 이니, '남봉여곡(男峰女谷)' 이니 세상만사를 음양으로 구분 지으며, 천하대장군이나 지하여장군처럼 장승을 암수로 구분한다든지, 경기도 양평지방에서 북한강을 숫물, 남한강을 암물이라 한다든지, 강원도 영월 지방에서 동강을 숫캉, 서강을 암캉이라 하여 강물까지도 암수로 나누기도 한다.

따라서 흔히 산의 경우에도 암수나 음양으로 구분하는 경우가 있는데,[4] 오대산은 여성적인 산, 부드러운 산, 음(陰)의 산으로 널리 알려져 있다. 그러기에 산 이름 앞에 '오(五)'라는 숫자를 내세워 양의 기운을 강조한 것인지 모른다.

중국-한국-일본으로 이어지는 오대산 신앙

금강산이나 설악산의 하늘을 찌를 듯한 봉우리가 양(陽)이라면, 오대의 완만하고 둥근 봉우리는 음(陰)이다. 설악의 강인한 바위들이 남성적이라면, 오대의 넉넉한 숲은 여성적이다.

사람에게 인격이 있듯이 산에도 산격(山格)이 있게 마련이며, 오대산은 어머니의 산격을 지녔다. 봉우리가 원만하고, 흐르는 물이 순하고, 어미 품속 같이 푸근한 숲, 그리고 풍수지리상 토성체(土星體)인 산의 생김새도 그렇다. 그윽하고 날카롭지 않으며 부드럽다.

물론 '오대산'이라는 이름은 중국의 오대산에서[5] 건너온 것이다. 이 땅의 수많은 지명, 예컨대 호남, 영남, 강릉, 무릉, 도원 같은 여러 땅 이름들이 중국을 본뜬 것임은 익히 알고 있는 이야기지만, 이곳의 오대산도 그런 이름의 하나이며, 다시 동해를 건너 일본으로 가 동북아시아 일대에 이른바 '오대문화', '오대산신앙'이 퍼져 나간 것이다.

보통 불교에서 개산조(開山祖)라고 하면 산을 열고 절을 세워서

미개한 민중을 불법으로 구제한 사람을 말한다. 오대산을 처음 열었던 사람은 누구일까? 바로 신라 선덕여왕 때의 자장율사(慈裝律師)이다. 그는 당나라에 들어가서 그곳 오대산의 문수보살로부터 수기(授記)를 받고 신라로 돌아와 통도사(通度寺)를 창건하였고, 황룡사(黃龍寺) 구층탑을 세웠으며, 분황사의 주지로도 있었는데, 중국의 오대산을 닮은 이곳에 월정사를 세워 화엄도량으로 만들었다.

> 오대산은 여기까지 나를 따라왔도다.
>
> 내 이곳에 오대의 불법을 펴리라.

그래서 산 이름을 오대산이라 하였고, 동대 · 중대 · 서대를 각각 1만 문수보살 강림의 성역으로, 북대에 1만 미륵보살, 남대에 1만 지장보살을 모시게 하였다. 그러므로 오대산은 자장이 중국에서 "동방 명주 경계에 오대산이 있는데, 1만의 문수가 항시 그곳에서 거주하니 가서 뵈어라"는 문수보살의 뜻을 받들어 실현한 것이다.

여기서 '오대'란 다섯 봉우리가 연꽃처럼 벌어진 형상을 말하는데, 동대의 만월봉(滿月峰; 지금은 東臺山이라고 한다), 남대의 기린봉(麒麟峰; 지금은 암자만 있다), 서대의 장령봉(長嶺峰; 지금은 호령봉), 북대의 상왕봉(象王峰; 지금도 상왕봉이라 한다), 중앙의 지로봉(地爐峰; 지금은 毘盧峰이라 한다)을 뜻하며 그 봉우리마다 꼭대기가 편편하게 '대(臺)'를 이루고 있다. 그러므로 최고봉인 높이 1,563미터의 비로봉(비로자나불)을[6] 중심으로 문수보살이 머물렀다는 오대산신앙의 발현지가 바로 이곳인 것이다.

《삼국유사》에는 7세기 말 신라의 보천(寶川) 태자가 아우 효명(孝明) 태자와 함께 오대산에 들어와 지극한 정성으로 매일 아침 차를 달여 1만 문수보살에게 공양하였다고 하며, 그 뒤 705년 효명 태자는 성덕왕이 되었다. 지금 상원사 아래 계곡에서 북대령 쪽으로 수백 미터 떨어진 왼쪽 계곡을 효명 태자가 수행했던 곳이라 하여, 지금도 '효명골'이라 부른다고 한다.

왕이 된 효명 태자는 형 보천이 출가한 월정사를 다시 찾아왔고, 지금까지 남아 있는 상원사 동종(국보 제36호)을 이때 달아주었으니, 종교를 떠나 오대산에서 형제의 우애를 빛낸 것이 더욱 보기 좋다.

월정—지아비의 아이를 잉태하게 하는 달의 정기

> 들판마다 시체가 가득 가득 쌓여있었고
>
> 흐르는 피에 방패가 떠내려갈 지경이었다.

이것은 김부식이 《삼국사기》에 당시의 참상을 묘사한 내용이다. "수급 1천을 베다", 혹은 "수급 5백을 베다" 같은 기록이 연이어지는 7세기 말, 이 땅 살육의 산하에서 불법(佛法)에 힘입어 인간 세상의 슬픔과 고통을 극복하고자 하는 지성소(至聖所)로서, 오대산 신앙이 이곳에서 무르익었을 것이다.

오대산에는 월정사(月精寺)가 있다. 오대산과 월정사는 둘이 아닌 하나다. 산이 절이요, 그 절이 곧 산이다. 오대산의 울울창창한 처녀림은 글자 그대로 전인미답(全人未踏)의 처녀 밀림이요, 그 속에 자리잡은 월정사는 달밤 전나무 숲(월정사 전나무 숲은 유명하다) 속에 나타난 처녀를 떠올리게 한다.

그런데 왜 절 이름을 월정사라고 하였을까. 전해지기는 자장율사가 하현달을 바라보고 법열을 느껴서 월정사라 지었다고 한다. 그러나 그보다는 달이 인간의 생명 창조의 근원이기 때문일 것이다.

달이 하루에 두 번씩 바다 물을 끌어 당겨서 조수(潮水)를 이루듯이, 달은 한 달에 한 번씩 여자의 피를 흘리게 함으로써 지아비의 아이를 잉태하게 한다.[7] 그래서 월정사는 밤에 보아야 한다고 했다.

오대산 월정사

밤도 달밤이어야 한다고 고은 시인은 적었다. 또 월정사의 반달 돌 문턱은 달의 정기를 나타내며, 1천3백 년 동안 사람들이 밟고 지나가도 문턱이 닳지 않는단다(필자가 월정사의 일주문, 천왕문, 금강문과 9층탑 주위의 반달형 돌 문턱을 모두 찾아보았는데, 월정사 일주문 바닥에 있는 반달형 돌밖에 확인할 수 없었다).

처음 자장이 동해안을 따라 올라가다가 강릉에 이르렀는데, 이때 한 마리의 매가 오대산의 절터를 알려주어 그곳에 초막을 짓고 자리를 잡은 곳이 지금의 월정사 터라고 한다.

불가에서 달은 유일 절대의 진리를 뜻한다. 달은 밝고 원만하되 한 모습을 고집하지 않는다. 달의 원융자재(圓融自在)는 불교적 이념 구현, 진리의 보편성을 상징한다. 따라서 직지(直指), 달을 가리키는 손은 보면서 진리 자체인 달을 외면하고 있는 중생들에게 달은 깨달음의 진수인 것이다.

오대산을 이야기하면서 우통수(于筒水)와 적멸보궁(寂滅寶宮)을 빼놓을 수 없다. 한강, 특히 남한강의 역사적 발원지가 되는 우통수는 오대산 서대 밑 염불암의 오른쪽 마당에 있는 오래된 샘이다. 옛 사람들이 이 물을 한강의 발원지로 칭송한 글이 한두 편이 아니거니와, 우통수는 한강의 역사적 시작이자[8] 그 뿌리이며 '남상(濫觴)'[9]이 되는 물이다.

서대(西臺) 밑에 솟아나는 샘물이 있으니, 물 빛깔과 맛이 딴 물보다 훌륭하고 물을 삼가함도 또한 그러하니 우통수라 한다. 서쪽으로 수백 리를 흘러 한강이 되어 바다에 들어간다. 한강이 비록 여러 곳에서 흐르는 물이 모인 것이나, 우통 물이 복판 줄기가 되어 빛깔과 맛이 변하지 않는 것이 중국에 양자강이 있는 것과 같으니 한강이라는 명칭도 이 때문이다.[10]

서울의 어머니 한강, 한강의 어머니 우통수

《신증동국여지승람》(강릉대도호부조)의 권근 기문에 나오는 말이다. 모든 강은 멀리서 흘러와 바다로 들어가지만 모두 산에다 그 근원을 두게 마련이다. 한강도 마찬가지이다. 수백, 수천 가닥의 물줄기 가운데 오대산 우통수가 한강의 발원지가 된 것은 역시 이 산이 어머니의 산, 여성적인 산이기 때문일 것이다.

오대산 중대 못미처 있는 적멸보궁(寂滅寶宮)은 석가모니의 진신, 곧 머리뼈를 모신 곳이라고 한다. 국내에 석가모니의 몸에서 나온 사리를 모시는 곳은 이곳 적멸보궁과 설악산 봉정암, 태백산 정암사, 평창 사자산 법흥사, 양산 영취산 통도사의 다섯 절이며, 부처의 진신(眞身)을 모시고 있으므로 따로 불상을 모시지 않는다.

적멸(寂滅)이란 무엇인가? 그것은 생(生)과 멸(滅), 곧 낳고 죽음이 없는 경계이다. 또 형체가 있는 모든 것이 사라져 없어짐을 뜻하면서, 한편 번뇌와 생사의 괴로움에서 벗어난 경지를 뜻하기도 한다.

우주 자체는 본래 적적(寂寂)한 것이다. 아무리 이 세상이 살아 있는 것들이 일으키는 그 소음으로 시끄러울지라도 대자연은 '본적적(本寂寂)'이다. 적멸보궁은 바로 사라져 없어질 모든 것들에게 그것을 가르쳐 주기 위한 이름인 것이다.

오대산과 월정사.

산이야 여성적인 산도 많은 법이지만, 절은 또 하필 '월정사(月精寺)'라 하였던고. 옛 사람들은 이 산줄기에서 흘러내려 한강의 가운데를 흐르면서 강물을 지키는 물로서 우통수를 꼽았으니, 그 인연의 뿌리는 또 얼마나 깊은 것인가.

신라 중기의 두 여왕 가운데 진덕여왕이 원효를 경모한 것처럼, 선덕여왕은 자장율사를 경모했다고 한다. 여왕은 자장율사가 서라벌로 돌아오기를 그처럼 청하였으나 따르지 않았고, 여왕이 승하하여 조정에서 자장을 불렀을 때에도 그는 끝내 서라벌에 나타나지 않았다.

선덕여왕과 '월정(月精)', 오대산과 월정, 그리고 자장율사와 선덕여왕. 그 모든 인연의 쳇바퀴 속에 '월정'이라는 이름이 달빛을 받으며 하얗게 빛나고 있다.

> 내 차라리 계(戒)를 지키며 하루를 살지언정
> 계를 깨뜨리고 백년 살기를 원치 않노라.
>
> 吾寧一日持戒而生
> 不願百年破戒而生

자장의 이런 결심이 신라 불교를 반석 위에 올려놓았을 뿐 아니라, 월정사가 중생을 제도하는 영지(靈地)로서, 그리고 근세의 한암

(漢巖) 스님, 효봉(曉峰) 스님에 이르기까지 이 땅의 불교적 정신사를 이끌어온 밑거름이 되었을 것이다.

필자는 오래 전부터 별러온 오대산 등반을 2004년 유월 초순에야 결행하였다. 오대산 적멸보궁을 지나 비로봉에 올라섰다. 그 꼭대기에서 이 세상 인간들 사이에 오가는 언어의 부질없음과, 티끌 같은 우리 존재의 가벼움, 그 적멸의 의미를 곰곰이 생각해 보았다. 이 세상에 내 것은 없다. 만약 내 것이 있다면 그것은 '적멸' 일 뿐이다. 세상이 주는 모든 것을 버리고, 오로지 구도자의 길에서 한 걸음도 흔들리지 않았던 자장의 그 정신을 어렴풋이 알 수 있을 것 같다.

높이 1,563미터의 오대산은 높이 631미터의 관악산(서울과 과천시의 경계에 있는 산)보다 훨씬 더 온순하다. 산이 꼭 높아야 명산이 되는 것은 아니지만, 그러나 높고도 넉넉하고, 뽐내지 않으며, 보듬어주는 산, 나물 뜯으러 온 아주머니들이 한 짐씩 산나물을 뜯어가지고 내려가는 산, 다람쥐가 등산로 옆에서 사람을 보고도 놀라지 않는 산. 오대산은 그런 산이다.

---

1) 오대산은 조류보호구역으로 지정되어 있다.

2) 오장(五臟); 폐장 · 간장 · 심장 · 비장 · 신장 · 오곡(五穀); 쌀 · 보리 · 조 · 콩 · 수수(혹은 기장). 오륜(五倫); 부자유친 · 군신유의 · 부부유별 · 장유유서 · 봉우유신. 오복(五福); 수(壽) · 부(富) · 강녕(康寧) · 유호덕(攸好德) · 고종명(考終命).

3) 오상(五常); 인 · 의 · 예 · 지 · 신. 오덕(五德); 온화 · 양순 · 공손 · 검소 · 겸양. 오색(五色); 청 · 황 · 적 · 백 · 흑을 말하는데, 인근 설악산 밑의 오색약수(五色藥水)도 원래 이곳에 오색석사라는 절이 있었던 곳이며, 오색은 불교적 이름이라고 할 수 있음. 오방(五方); 동 · 서 ·

남 · 북 · 중앙. 오미(五味); 신맛 · 쓴맛 · 매운맛 · 단맛 · 짠맛. 오관(五官); 시각 · 청각 · 미각 · 후각 · 촉각.

4) 경기도 과천에는 과천을 사이에 두고 동쪽에 청계산(淸溪山), 서쪽에 관악산(冠岳山)이 있는데, 이 산의 생김새나 바위의 많고 적음에 따라서 관악산을 악산(岳山) 또는 웅산(雄山), 청계산을 토산(土山) 혹은 자산(雌山)으로 구분하기도 한다.

5) 중국의 오대산은 산서성 태원부 오대현에 있으며 중국의 3대 불교 성지로 꼽는 곳이다.

6) 비로봉이라는 이름은 금강산 비로봉(최고봉), 묘향산 비로봉(최고봉), 치악산 비로봉(최고봉), 속리산 비로봉 등 여러 곳에 남아 있다. 여기서 '비로'는 산봉우리를 뜻하는 우리말의 '부리'(정약용은 그의 저서 《아언각비》에서 不伊로 씀)를 한자에 따라 불교식의 부리=비로(毘盧)로 미화한 이름이다.

7) 바닷게의 경우 보름게와 그믐게는 살의 양이 다르다고 한다. 보름게는 활동량이 많아 살이 빠지는 반면 그믐게는 어둠 속에서 움직이지 않아 살이 차오른단다. 임산부도 만조 때에 진통을 겪는 수가 많고, 간조 때에 출산율이 25퍼센트나 높아진다는 보고도 있다고 한다. 어쨌든 인간이 달의 영향력을 받는 이유를 달의 조석력(潮汐力) 때문으로 보는 견해가 있다. 달의 인력으로 말미암아 해안에서 밀물과 썰물 현상이 일어나는데, 인체도 80퍼센트가 물이므로 인간의 신체에서도 조석 현상이 일어날 것이라는 생각으로, 이것을 '생물학적 조석이론'이라고 한다. 그러나 아직 이에 대하여 과학적으로 입증된 이론은 아니다.

8) 한강의 발원지에 대하여는 강 하구로부터 가장 먼 곳에서 흘러내리는 물줄기와, 또 가장 수량이 많은 물줄기 등을 고려하면 우통수와는 다르게 되므로 오늘날 우통수는 한강의 역사적 발원지로서 가꾸고 보존해야 할 의미 있는 샘이다.

9) 양자강 같은 큰 강도 그 근원을 따라 올라가면 잔을 띄울 만한 작은 물에서 시작된다는 말로서 '사물의 시초' 또는 '기원(起源)'을 뜻함.

10) 이행 외, 〈강릉대도호부 산천조〉, 《신증동국여지승람》 강원 편, 민족문화추진회 역, 1996, 483쪽.

명량(울돌목), 명석면(울돌), 명사리(울모래)와 명성산(울음성)

한국인의 울음관(觀), 바다가 울고, 돌이 울고, 모래가 울어……

鳴梁 鳴石面 鳴沙里 鳴聲山

'명(鳴)' —새(鳥)가 입(口)으로 지저귀는 것이 '울음'

"울음 우는 아이는 우리를 슬프게 한다……" 1960~1970년대 고등학교 국어교과서에 수록되었던 〈우리를 슬프게 하는 것들〉(안톤 슈낙)의 첫 구절이다.

> 나의 이 쌍루주를
>
> 그대는 아무리 뚫어도 얻지 못하리.
>
> 我有雙淚珠
>
> 知君穿不得
>
> — 백거이(白居易)

그래서 옛 시인은 사람의 눈을 눈물 흘리는 두 개의 구슬에 비유하였던가 보다. 특히 한국인에게 눈물-울음은 수많은 이야기의 바탕이 되었다. 가령 새가 울고, 산이 울고, 바위가 울고, 바다가 울고,

나무가 울고, 풀(으악새)이 울고, 심지어 비석이 눈물을 흘렸던 것이다. 그뿐만이 아니다. 문풍지가 울고, 기적이 울고, 옷이 '운다'고 하였다(바느질을 잘못하여 옷이 꼭 맞지 않을 때).

우리나라 대중가요에 가장 많이 사용된 명사가 '눈물'이요, 동사가 '운다'는 말이라고 한다.[1] 그러니 고려가요 〈청산별곡〉의 "널라와 시름한 나도 자고니러 우니노라"라는 한 구절은 고난으로 점철되었던 우리 민족의 수난사와 함께 대물린 가난 속에서 형성된 한(恨), 그리고 허구한 날 가슴 깊은 곳에서 우러나오는 슬픔, 그 소리 없는 울음을 나타내는 것이라고 할 수 있다.

> 내 님을 그리며 우는 모습은
> 산 접동새와 비슷하오이다.
>
> —정서(鄭叙), <정과정곡(鄭瓜亭曲)> 가운데서

> 한 송이 국화꽃을 피우기 위해
> 봄부터 소쩍새는
> 그렇게 울었나 보다.
>
> —서정주(徐廷柱), <국화 옆에서>의 첫 연

그런데 키츠(J.Keats)는 나이팅게일 새의 지저귀는 소리를 듣고 "외로워라! 서러운 노래여" 하고 썼으니, "아침에 우는 새는 배가 고파서 울고, 저녁에 우는 새는 임이 그리워 운다"는 우리의 인식과는 큰 차이가 있다.

옛 사람들에게는 새들의 지저귀는 소리조차 원과 한이 담겨진 울음소리로 들렸을 것이다. 접동새, 소쩍새의 전설은 나아가 이렇게 말한다. "접동새가 울면서 흘리고 간 한 방울 한 방울의 피눈물이 땅에 떨어지면, 그 자국에서 핏빛 진달래가 피어난다." 고.[2)]

하기야 한문 글자의 '울 명(鳴)' 이란 글자 자체가 새〔鳥〕가 입〔口〕으로 지저귀는 소리를 '울음 우는 것' 으로 여겨 만든 글자이니[3)] '새가 운다' 는 생각은 동양적으로 공통되었던 것 같다.

그래서 세상사 곳곳에 '울음' 이 지천이니, 여기에 지명이라고 예외일 수 없다. 전국적으로 '울음〔鳴〕' 이 들어가는 지명은 곳곳에 있지마는 그 가운데 대표적인 것을 몇 개 뽑아보았다.

명량(鳴梁; 울돌목)과 명석(鳴石; 울돌), 명사(鳴沙; 울모래)

첫째가 명량(鳴梁)이다. 본래 '울돌목' 이라고 부르던 곳이므로 '명량' 이 되었으며, 명량해협이라고도 한다. 전라남도 해남군 문내면 학동리와 진도군 군내면 녹진리 사이에 있는 폭 330여 미터의 바닷목이다. 폭이 좁고 바다 물살이 거세서 조수가 드나들 때 우레 같은 소리를 내므로 '우는 바닷목' 이라는 뜻으로 부른 이름이다. 정유재란 때 백의종군하던 이 충무공이 다시 내려와 남은 배 10여 척을 수습하고 왜적선 300여 척(또는 130여 척)을 유인하여 무찌른 곳이니 더 이상의 설명이 필요 없는 곳이다.

여기서 명량(울돌목)이라는 이름을 상세히 풀어보면, 명(鳴)은 울음의 '울' 을 적은 것이요, 량(梁)은 우리말의 '돌(독), 돌〉다리' 를 적기 위한 글자로서 대개 '량' 은 물가 지명으로 많이 사용되었다. 서울의 중랑(지금은 '중랑' 으로 오용)과 노량진, 부산의 초량, 남해의 노량, 견내량, 가배량, 사량, 강화해협의 손량(손돌목)과 같은 이름들에 보이는 '량' 이 이것이다.

> 벽파진 푸른 바다여!
> 너는 영광스러운 역사를 가졌도다.
> 민족의 성웅 충무공이 가장 어렵고 외로운 고비에서
> 빛나고 우뚝한 공을 세우신 곳이
> 바로 여기더니이다.
>
> — 이은상

그러나 이제 울돌목의 파도소리를 우리가 울음 우는 소리로만 볼 일이 아니다. 그날의 승리를 추억하는 함성소리로 풀이해도 되는 것이다.

둘째는 명석면(鳴石面)이다. 경상남도 진주시 명석면은 관내 신기리에 '울돌' 이라고 부르는 두 개의 돌을 모신 '명석각(鳴石閣)' 이 있으며, 면의 이름도 여기서 비롯되었다. 높이 1미터, 너비 75센티미터쯤 되는 돌이 쌍으로 서 있는데, 원래 바람이 불면 울려서 소리가 났으므로 '울돌(운돌)' 이라 부른다고 한다.

전해지기는 옛날 백제가 거열성을 쌓을 때 이 돌들이 성석(城石)이 되고자 집현산에서 굴러 내려왔다고 한다. 그러나 거열성의 축성이 끝났으므로 나라의 축성에 쓰이지 못함을 한탄하고 이곳에 주저앉아 울었던 충석(忠石)이라고 한다. 그리하여 이를 명석(울돌)이라 부르게 되었고, 원래 시냇가에 있었으나 그 뒤 마을로 옮기고 음력 3월 3일에 제사를 지냈다고 한다.[5] 한편 이와 같은 전설이 전라북도 남원시의 울돌고개〔명석치(鳴石峙)〕에도 있으나 내용이 비슷하므로 여기서는 생략한다.

셋째가 명사(鳴沙) 마을이다. 일명 '울모래' 마을이라고도 하며 '명사십리(鳴沙十里)' 해수욕장 때문에 널리 알려진 남해안의 관광지이다. 이곳에는 약 4킬로미터에 이르는 완만한 경사의 해수욕장이 있어서 울창한 송림과 함께 뛰어난 경관이 널리 알려져 있으며, 특히 이곳의 모래찜은 관절염과 피부질환에 좋은 것으로 알려져 있다.

이곳 울모래 마을은 이름 그대로 '모래가 운다'는 뜻이다. 파도가 치면 모래가 밀려 올라갔다가 흘러내리는 소리가 마치 울음소리 같으므로 울모래, 곧 명사라 부르게 되었다고 한다.

모래가 우는 돈황의 명사산(鳴沙山), 산이 우는 명성산(鳴聲山)

필자가 가보지는 못했지만, 중국의 돈황 석굴 부근에도 유명한 명사산(鳴沙山)이 있다고 한다. 이 산은 동서 40킬로미터, 길이가 20킬로미터에 이르고, 높이는 수십 미터에 이르는 모래산인데, 바람에 날려 온 모래가 쌓여서 이루어졌다고 한다. 맑은 날 바람이 불면, 이곳에 쌓인 모래가 흘러내리면서 음악소리를 내므로 명사산이라고 부른다는 것이다. 그러고 보면 중국 사람이나 우리 민족이나 새가

'울고', 모래가 '운다' 고 보는 점은 서로 같다.

넷째는 강원도 철원의 명성산(鳴聲山, 鳴城山)이다. 일명 '울음성' 이라고도 부르는 높이 923미터의 산인데, 후고구려(태봉국)를 세운 궁예(弓裔)가 부하였던 고려 태조 왕건(王建)의 군사에게 쫓겨 이 산으로 숨어 들어와 울었으므로, 울음성 또는 명성산이라 부르게 되었다고 한다. 명성산 일대에는 그때 궁예가 느껴 울었다는 느칫골, 한숨 쉬었다는 한잔모팅이 등 쫓겨난 임금의 사연을 전해주는 이름들이 여러 곳에 남아 있다.

이 명성산은 요즈음 가을철 억새군락지로도 유명한 곳이 되었으며, 부근의 산정호수와 함께 많은 사람들이 찾는 곳이다. 그런데 가을철 억새의 비벼대는 소리를 명성산의 울음소리로 풀이하기도 하고, 또 산 아래 있는 국군의 사격 연습으로 끊임없이 들려오는 포성소리를 '산이 운다' 는 뜻의 명성산에 빗대기도 한다.

이제 바다가 울고, 바위가 울고, 모래가 울고 산이 울었다는 우리 옛 선인들의 표현을 한번 바꾸어보면 어떨까. 이를테면, 앞에서 소개한 울모래 마을은 모래가 '운다' 고 볼 것이 아니라 모래가 속삭이는 것으로 풀이하면 어떨까. 수많은 모래들이 파도에 몸을 씻기면서, 서로 몸을 비벼댈 때 나는 소리이니 '모래가 속삭이는 소리' 로 보아도 무방할 것이다.

마찬가지로 명석면의 '울돌' 또한 바람이 불면 울려서 소리를 내는 돌이다. 그러므로 돌이 운다고 볼 것이 아니라 '바람과 돌이 사귀는 소리' 쯤으로 풀이해야 될 것이다. 또 명성산은 억새풀로 유명한 곳이니 전통적으로는 '억새=으악새 슬피 우는 산'이어야 하지만, 역시 '억새 노래하는 산'으로 불러주어도 될 것이다.

이 밖에도 나라에 위급한 일이 있을 때 울음소리를 들려준다는 나무가 전국 여러 곳에 남아 있고, 혹은 비석이 눈물을 흘리거나(땀을 흘린다고도 함), 바위가 울었다는〔명암(鳴岩)〕 등 울음에 얽힌 지명이 여러 곳에 있다.

그러나 한국인의 울음은 단순히 좌절의 울음이 아니다.

한국인의 일상에 지천으로 널려 있는 '울음'은 우리가 이미 그 모든 것을 초극하였기 때문에 붙여진 이름이라고 할 수 있다. 그 울음은 실의와 절망의 울음이 아니며, 세상의 모진 풍파를 다 견뎌내는 울음, 어둠 속의 고통을 극복하는 울음, 원과 한과 서러움을 털어내고 승화하는 울음이다. 슬픔과 기쁨과 즐거움이 한가지로 용해된 울음이요, 나아가서 5천 년 역사를 이끌어 온 울음으로서 다시 웃음으로 피어나는 가장 한국적인 울음이라고 할 것이다.

---

1) 천소영, 《우리말의 문화 찾기》, 한국문화사, 2007, 146쪽.

2) 그러므로 고려 중기에 나타난 정서의 접동새는 소월과 미당의 접동새에 이르기까지 천여 년을 두고 울면서 민족의 가슴을 적셔왔다.

3) 이돈주, 《한자학총론》, 박영사, 2000, 276쪽.

4) 1996년 무렵 이 지역에서 정부 기관에 민원이 제기된 바 있는데, 진도대교가 건설되자 그 교각 보조시설로 말미암아 울돌목의 바다 우는 소리가 들리지 않게 되었다는 민원이 있었다. 그 후의 결과는 알 수 없다.

5) 내무부, 《지방행정지명사》, 1982, 680쪽. 그러나 한글학회 발행 한국지명총람 진양군의 명석면에는 거열성이 아닌 광제산성으로 나온다.

합천군 월광사 터와 고령군 정정골 외

비운의 월광태자와 우륵의 가야금 소리 들리는 곳

月光寺 琴谷

'월광' 은 대가야국 마지막 태자의 이름

우리 역사와 문학 속에서 달은 고단한 인생살이에 구원의 빛, 서방정토의 빛이었다. 백제가요 정읍사(井邑詞)에서는 달이 삶의 어려움과 괴로움을 좇는 빛으로, 그리고 그리움을 함축한 기다림으로 나타난다. 신라 향가인 원왕생가(願往生歌)에서는 달이 서방정토의 빛·구원자로 나타나며, 광덕은 달빛 아래서 참선 삼매에 젖었고, 또 월명사(月明師)가 달밤에 피리를 불면 달이 그 운행을 멈추었다고 《삼국유사》는 적고 있다.

말하자면 달은 천지신명에 비견되는 일월성신(日月星辰)의 하나였고, 해인(海印)이나 월인(月印; 달그림자)[1]에서 볼 수 있듯이 달빛은 곧 불법을 상징하였다. 달은 밝고 원만하되 한 모습을 고집하지 않으며, 원융무애(圓融無礙)한 존재로서 불교적 이념 구현을 나타냈던 것이다.

그렇다면 '월광(月光)' 이라는 말은 어떤가?

'월광' 하면 사람들은 대부분 유명한 베토벤의 교향곡을 떠올릴 것이다. 글자 그대로 '달빛'을 뜻하지만, 그러나 우리 역사 속에서 월광은 대가야국 마지막 왕자의 이름이기도 하다.

548년(신라 법흥왕 9) 대가야의 이뇌왕(異腦王)은 신라와 화친정책으로 신라의 이찬 비지배(비조부)의 딸을 왕비로 맞아들여 왕자를 낳았다. 이때 신라 왕이 가야 왕자의 이름을 지어 비단에 써서 사신에게 보냈는데, 그 이름이 월광이었다. 월광은 아승기겁(阿僧祇劫)의 과거에 작은 산골나라 왕자로 태어난 부처인데, 문둥이를 씻기고 고름을 빨아주었던 거룩한 이름이라고 하였다.[2)]

신라 귀족의 여인과 가야 왕이 혼인을 하여 왕자가 태어났지만, 두 나라 사이에는 싸움이 그치지 않았다. 그 당시는 고구려와 백제, 신라와 가야, 신라와 백제 사이에 싸움이 그칠 날이 없었으니, 한반도는 도처에서 피가 흘러내리는 아수라의 땅이었다. 신라가 강성해지면서 540년 진흥왕이 즉위하자 장군 이사부(異斯夫)를 병부령으로 삼아 군사를 총괄하게 하고 가야를 공격하였다.

> 국가와 제국이 멸망하고, 분열할 때에는 반드시 전쟁이 일어난다.…… 어떤 나라가 강대해지면 홍수와 마찬가지로 반드시 범람하게 된다.
>
> — F. 베이컨, 《수상록》 가운데서

정정골, 월광 태자 기리는 가야금 소리 '정정' 울려

경상남도 합천군 야로면 월광리와 충청북도 제천시 한수면 송계리에는 똑같은 이름의 '월광사터'라는 절터가 있다. 두 절터가 모

합천 월광사 터

두 절은 없어지고, '월광' 이라는 이름 그대로 달빛만 교교하게 비치고 있다.

합천의 월광리는 이곳 월광사 터에서 생긴 이름이요, 지금도 월광들이니, 월광천이니, 월광교니, 월광탑이니 하는 이름들이 남아 있다.

전해지기는 대가야국 왕비가 친정인 신라의 침공을 받자 월광 태자를 데리고 지금의 고령읍 내상현으로 피난했다가 뒤에 이 마을로 들어와 절을 짓고 일생을 마쳤다고 한다.[3] 지금은 절이 없어지고 그 절터에 월광탑 또는 쌍탑이라 부르는 3층 석탑 2기가 남아 있다.

월광사지

아득한 풍경소리 어느 시절 무너지고

태자가 놀던 달빛 쌍탑 위에 물이 들어

모듬내 맑은 물줄기 새 아침을 열었네.

이것은 월광사 터에 세워진 작자 미상의 시비이다.

《삼국사기》에는 이미 그 이전에 대가야국 가실왕이 당나라 악기를 보고 12현금(가야금)을 만들었다고 하며[4] 악사 우륵(于勒)이 이에 가야금곡을 만들어 그 곡명이 지금까지 전해지고 있는데, 하가라도(下加羅都; 김해), 상가라도(上加羅都; 고령), 보기(寶伎; 함안), 달이(達已; 또는 달기, 대구), 사물(思勿; 사천), 물혜(勿慧; 거창 마리), 하기물(下奇物; 김천), 사자기(師子伎; 중국), 거열(居烈; 거창), 사팔혜(沙八兮; 초계), 이사(爾赦; 의령), 상기물(上奇物; 사촌리)의 열두 곡이며, 사자기를 제외하면 모두 가야의 지방 이름들이다.

한편 대가야국이 자리 잡았던 고령읍 쾌빈동의 정정골은 금곡동(琴谷洞)이라고도 부른다. 진흥왕 때 이사부가 5천여 군사를 이끌고 대가야국으로 쳐들어오자, 우륵은 신라군의 눈을 피해서 월광 태자를 지금의 야로면 월광리 월광사 터 숲속에 피신하게 했다. 그 뒤 포로가 된 우륵이 신라 장수 사다함(斯多含)에게서 풀려나와 월광 태자를 찾아가보니, 어린 왕자는 숲속에 굶어 죽어 있었다고 한다.[5]

고령의 우륵기념비

우륵은 태자의 불우한 생애를 탄식하고 그 영혼을 위로하고자 날마다 애절하게 가야금을 뜯었으므로, 온 마을에 가야금 소리가 '정정' 하고 끊임없이 들려서 '정정골' 또는 '금곡(琴谷)' 이라 불렀다는 것이다.[6)]

고령읍 쾌빈동의 산자락에는 가야금을 상징하는 우륵 기념탑이 세워져 있고, 그 옆에는 우륵을 모신 영정각이 있다. 그리고 그 옆 정정골을 내려다보는 산기슭에 〈정정골 유래〉 안내문이 세워져 있어서 1천4백여 년의 시공을 뛰어넘어 우륵의 가야금 소리를 가슴으로 들을 수 있다.

햇빛에 쪼이면 역사(歷史), 달빛에 물들면 야사(野史)

"소리는 주인이 없다. 들리는 동안, 울리는 동안에만 소리일 수 있다"[7)]고 하였다. 우륵은 소리를 지키기 위하여 가야의 금(琴)을 신라 진흥왕 앞에 나아가 올림으로써 망해버린 나라의 소리를 '가야금' 이라는 이름으로 지켜냈다.

> 가야 왕이 음란하여 스스로 멸망한 것이지 음악이야 무슨 죄가 있겠는가. 대개 성인이 음악을 제정함은 인정에 연유하여 그 법도를 따르도록 한 것이니 나라의 다스려짐과 어지러움은 음조로 말미암은 것이 아니다.[8)]

우륵은 소리를 지키고, 악기를 지키기 위하여 제자 이문(尼文)과 함께 신라에 투항한 것이다. 그리고 충주 낭성에 순행한 진흥왕을 위하여 하림궁에서 가야금을 연주함으로써 충주의 탄금대(彈琴臺)라든지 제천 의림지(義林池) 일대에 악성(樂聖) 우륵의 설화가 전해지고 있는 것이다.

특히 조선 시대 충주 일대의 지명을 보면 우륵의 가야금 12곡과 같은 상가라제, 하가라제, 가라곡제, 가야곡제 등의 이름이 전해지고 있어서[9] 우륵의 출생지로 전해지는 제천시 청풍면 등과 함께 많은 의문이 제기되고 있다.

그렇다면 제천시 한수면의 월악산 서록에 있는 월광사 터는 어떤 사연을 지닌 이름일까. 이 절터의 '월광' 이라는 이름에 대해서는 자세한 내력이 전해지고 있지 않다. 다만 도증(道證)이 통일신라 때인 692~702년 사이에 창건한 절로서 867년 원랑선사(圓朗禪師)가 주석하면서 널리 알려졌으며, 유적으로 보물 제360호인 원랑선사대보선광탑비가 있었다고 한다.

어쨌든 산 이름이 '월악(月岳)' 이요, 절 이름이 '월광(月光)' 이니 그 산에 맞는 절 이름이 분명해 보이기는 하지만, 필자에게는 합천의 월광사와 함께 이 절터도 대가야국 마지막 태자인[10] 월광 태자와 관계된 절로 생각되는 것이다.

가야사나 백제사, 고구려사 등 우리 역사에는 아직도 밝혀지지 않은 부분이 많아 의문투성이이다. 이곳 월악산 밑의 월광사 터는 우륵 또는 그의 후손이나 후예들이 망해버린 옛 대가야의 마지막 태자를 기리고자 세운 절은 아니었을까?

어느 작가가 "햇빛을 쪼이면 역사가 되고, 달빛에 물들면 야사가 된다"고 한 말이 생각난다. 월광에 물들었기에 이처럼 밝혀내기 어려운 야사로 전해지면서 후세인들의 가슴을 아프게 하는 것 같다.

달은 처음 초승달이 눈썹처럼 생겨났다가 점점 커져서 반달, 보름달(만월)이 되면서 이 세상에 원융(圓融)의 큰 지혜를 가르쳐 준다. 그리고 다시 그믐달로 사위어지면서 두루 변하는 세상사의 이치와 인간의 흥망성쇠, 영고성쇠를 가르쳐주는 만세불변의 대철인(大哲人)이다.

지금도 월광 태자가 잠든 땅에 달빛은 교교하게 비추고 있을 것이다.

---

1) 월인은 달그림자로서 조선 초기에 만들어진 〈월인천강지곡〉이나 〈월인석보〉는 불법과 석가의 공덕을 달그림자에 비유하여 찬양한 예이다.
2) 김훈, 《현의 노래》, 생각의 나무, 2004, 209쪽.
3) 김기빈, 《한국의 지명유래 4》, 지식산업사, 1993, 131~132쪽.
4) 가실왕이 가야금을 만들었다고 기록되어 있지만, 아마도 우륵이 제작한 것이 아닐까 여겨진다.
5) 김훈의 소설 《현의 노래》에는 월광 태자가 이사부에게 투항하여 나중에 대가야국 정벌에 장수로 참여하였으나 결국 가야산에 유폐되는 것으로 나오고 있다. 그에 관하여는 기록상 여러 문헌에 차이가 있다. 또 월광사 터에 대해서는 앞에 나온 왕비설과 뒤에 나오는 우륵설에 차이가 있다.
6) 김기빈, 《한국의 지명유래 1》, 지식산업사, 1986, 67쪽.
7) 김훈, 앞의 책, 251쪽.
8) 신하들이 "멸망한 나라의 음악이니 취할 것이 없습니다" 하고 간언하자 진흥왕이 이를 물리치며 한 말이다(《삼국사기》에서).
9) 김기빈, 《국토와 지명 2》 그 땅에 빛나는 보배들, 토지박물관, 2003, 167~173쪽.
10) 대가야국 마지막 임금 도설지왕이라는 인물이 이뇌왕이나 월광 태자 가운데 어느 한 사람일 것으로 보고 있으나, 그 기록과 연대에 차이가 있다.

3

땅 이름이 내다본 국토개발

서울 마포구 난지도와 은평구 물치(수색)

생명의 섬으로 부활한 쓰레기 섬

蘭芝島 水色

난지(蘭芝)－지란(芝蘭), 난초와 지초를 뜻하는 향기로운 이름.

사람의 일생이 생성 · 변천 · 소멸의 과정을 거치듯이, 지명도 생성 · 변천 · 소멸한다. 또 사람의 일생에 영고성쇠(榮枯盛衰)가 있듯이, 지명에도 영고성쇠가 있는 것 같다.

바로 그런 이름으로서 나는 한강의 난지도(蘭芝島)를 꼽기에 주저하지 않는다. 한강가의 수려한 섬이었다가 서울 시민의 쓰레기장이 되었고, 이제 다시 월드컵 생태공원, 세계인의 눈과 귀가 쏠렸던 월드컵 축구경기장으로 거듭 태어난 땅이 난지도이기 때문이다(지금은 섬이 아니다).

자연을 제 맘대로 주물러대면서 폐기처분하였다가, 다시 살려내는 인간의 횡포를 개탄하면서도, 필자는 '난지도(蘭芝島)' 라는 그 이름의 기구한 생애를 떠올려보게 되는 것이다.

빼어난 가는 잎새 굳은 듯 보드랍고,

자줏빛 굵은 대공 하얀 꽃이 벌고,

이슬은 구슬이 되어 마디마디 달렸다.

본래 그 마음은 깨끗함을 즐겨하여

정한 모래 틈에 뿌리를 서려두고

미진(微塵)도 가까이 않고 우로(雨露)받아 사느니라.

가람 이병기 선생의 시 〈난초 4〉이다.

이 세상의 작은 먼지도 가까이하지 않으며, 이슬을 받아먹고 사는 난초, 그 난지도가 서울 시민의 쓰레기장이 되어 '난초(난지)'라는 고고한 이름과는 반대가 되었으니, 이것은 차라리 뒷날의 극명한 대조를 보여주기 위함이었던가 보다.

난지도(蘭芝島).

여기서 난지도의 '난(蘭)' 자와 '지(芝)' 자는 같이 붙여 쓰인다.

지초(芝草)와 난초는 숲 속에서 자라나, 사람이 찾아오지 않는다고 향기를 풍기지 않는 일이 없고, 군자는 덕을 닦고 도를 세우는데 있어서 곤궁함을 이유로 절개나 지조를 바꾸는 일이 없다.

착한 사람과 함께 살면, 지초와 난초가 있는 방에 들어간 것처럼 오랫동안 그 향기를 알지 못한다.

모두 〈공자가어〉에 나오는 말로서 난초와 지초를 군자와 견주고 있으며, 여기서 지초란 영지초(버섯)를 말하는 것이다. 또 '지란지교(芝蘭之交)' 라는 말이 있다. 친구사이의 맑고 깨끗한 교제, 고상한 사귐을 뜻하는 말로서 오늘의 '난지도' 라는 이름은 '난지' 또는 '지란' 에서 따온 이름인 것이다.

난지도(亂地島)=어지러운 땅, 쓰레기의 땅

난초와 영지버섯의 천국이었다는 난지도는 원래 오리 섬, 곧 압도(鴨島) 또는 중초도(中草島)라고 불렸던 한강 하류의 아름다운 섬이었다.

섬의 모양이 오리가 물에 떠 있는 것 같아서 오리 섬이요, 강 가운데(사이에)있는 섬이니 중초도인데, 여기서 '초(草)' 는 풀을 뜻하는 것이 아니라 초=새=사이를 나타내는 것이다.[1)]

난초나 영지버섯은 세속의 더러움과는 거리가 먼, 깨끗함을 상징하는 이름인데, 이곳에 1978년부터 1993년까지 15년 동안 서울 시민의 쓰레기 9천2백만 톤이 버려져서 두 개의 거대한 인공 산을 이루게 되었다. 그리하여 난지도는 '난지도(亂地島)' 가 되었다. 난초와 지초가[2)] 무성한 축복의 땅이 아니라, 버려진 땅, 불모의 땅, 어지러운 땅, 쓰레기의 땅으로 바뀌었던 것이다.

15년 동안 서울 시민의 쓰레기, 서울의 먼지와 티끌과 냄새가 모여들어 새로운 천지를 만들어냈으니, 그곳이 바로 난지도이다. 인간사 속된 것을 옛 사람들은 '홍진(紅塵)' 이라 하였다. 사람의 욕심과 더러움, 추함, 속됨을 나타내는 말이다.

취하여 누웠다가 여울 아래 내리려다

낙홍(落紅)이 흘러오니 도원이 가깝도다.

인세(人世) 홍진(紅塵)이 얼마나 가렸는고

고산 윤선도의 시이다. 서울의 티끌, 세상의 더러움이 몰려든 곳, 그곳이 난지도인데, 그 난지도가 월드컵 공원, 한강 생태공원으로 바뀐 모습이 참으로 경이롭다. 죽었다가 살아난 난지도의 의미는 무엇일까.

성서나 신화에서 티끌은 죽음 · 단절 · 쓸모없는 것 · 붕괴 등을 상징하는 한편, 새로운 창조와 생명의 시작을 뜻하기도 한다.

한 티끌 속에 시방(十方)세계가 포함되고, 모든 티끌이 역시 그러하다.

이것은 화엄종을 열었던 신라의 의상 대사의 말이다. 더 이상 쪼갤 수 없는 극미진(極微塵)일지라도 대우주와 동일한 체성(體性)을 가진 것으로 보았으며, 우주와 티끌을 둘이 아닌 불이성(不二性)으로 파악하기도 하였던 것이다.

그러기에 '티끌 모아 태산' 이라는 말이 바로 오늘의 난지도를 만들어냈으며, 월드컵공원이 들어서면서 돌고 도는 인간사, 돌고 도는 '난지도' 의 땅 이름을 생각하게 하는 것이다.

물을 치올린다는 '물치' 아래 들어선 세계 최고 분수대

105만 평 규모의 마포구 상암동 난지도 월드컵공원에서는 2002

년 5월 1일부터 '새 생명 푸른 축제 · 환경, 생명, 평화' 라는 주제의 축제 행사가 열렸다.

그 난지도 앞 한강에는 세계에서 가장 높다는 한강 분수대가 202미터 높이로 물줄기를 쏘아 올리고 있다. 물론 202라는 숫자는 2002년을 상징한 것.

그래서 생각나는 것이 '물치=수색(水色)' 이라는 이름이다. 이 일대는 그전부터 '물치' 라고 불렀던 곳인데, 장마가 지면 한강과 임진강 하류의 물이 점점 불어나서 물이 위로 차올랐다. 그래서 물이 치이는 곳이라 하여 ' 물치 ', 또는 '물위치' 라 하였고, 이것을 한자로 쓰면서 '물이 생긴다' 는 뜻으로 수생(水生), 물이 위로 오른다는 뜻으로 '수상(水上)' 이라 하였던 것이 어찌된 영문인지 '수색(水色)' 으로 굳어져 오늘에 이르게 된 것이다.[3)]

그런데 오늘은 어떤가. 난지도 공원 앞 한강 분수대는 세계에서 가장 높이 물을 치올리면서 오색찬란한 물보라 쇼를 벌이고 있으니, 그래서 이 일대를 '물치' , 또 '수색(水色)' 이라 불렀던가 보다.

난초와 지초의 향기로 가득 찼던 난지도.

그 향기로운 이름 '난지도' 가 서울의 먼지, 홍진(紅塵)에 파묻힌 지 15년에 '쓰레기 산' 으로 둔갑하면서 '난지도(亂地島)' 로 불리더니, 이제 다시 생명이 움트는 생태공원으로 화려하게 부활한 것이다.

그리하여 공원에는 연꽃, 꽃창포 등 각종 식물이 무성하게 자라고 있으며, 수만 마리의 나비를 풀어놓은 지상의 낙원으로 바뀌었다. 평화공원의 월드컵축제와 깃발예술축제, 하늘공원의 풍력발전기와 초지 생태공원, 노을공원의 대중골프장, 난지천공원의 여가시설, 난지 한강공원의 요트장 등은 이곳이 '티끌 모아 태산' 이 아니라 '티끌 모아 낙원', '티끌 모아 축구경기장', 나아가 '티끌 속의 소우주' 임을 실감케 하는 곳이다.

난지도의 '난지=지란' 이라는 말이 친구 사이의 깨끗한 사귐을 뜻한다면, 난지도에서 벌어진 2002년 월드컵 축구경기는 세계 여러 나라 축구 선수들 사이의 깨끗한 경기, 정정당당한 경기를 뜻하는 이름으로 보이기도 한다.

'지음(至音)' 과 '지언(至言)' 이라는 말이 있다.

지극한 음(音)은 본디 소리가 없고, 지극한 말은 본디 글이 필요 없다는 뜻이다. 그렇다면 난지도야말로 '지시(至時)' 라고 해야 할 것 같다. 지극한 시간 안에서는 애당초 변화니, 개발이니 하는 것이 모두 우스운 이야기인 것 같기 때문이다.

1) 고유 지명어에서 '새' 는 조(鳥), 간(間), 초(草), 신(新), 동(東)과 같은 뜻을 나타내고 있으며, 모(茅), 곧 띠풀이나 풀을 나타내는 경우에도 '새' 라 한 경우가 많다. 예를 들면 "이는 즉시 새롤지고 블을 ㅅ그기 ㄱ흔이라(三譯 3: 23)" 한 경우와 같다.

2) 영지(靈芝)는 모균류에 딸린 버섯의 일종이다. 산속 활엽수의 뿌리에서 나는데, 한방에서 약재로 쓰며 자지(紫芝), 또는 지초(芝草)라고 부른다.

3) 1914년 일제의 전국 행정지명 폐지. 분합 이전인 1912년 당시의 전국 행정구역 명칭 일람에 따르면, 경성부 연희면의 30개 동리 명칭에도 수상리(水上里)로 나온다. 그러다가 1914년의 전국적인 행정구역 개편에 따라 경기도 고양군 연희면의 18개 리에서 수상리가 사라지고, 그 대신 수색리(水色里)가 등장한다.

부산-거제 사이 거가대교와 가덕도

해저 침매(沈埋)터널, 2주탑 · 3주탑의 사장교, 인공섬 등으로 이어지는 꿈의 다리

巨加大橋 加德島

거제와 가덕도 사이 8.2킬로미터 바다 잇는 해상 장대교량

중세 국어에서 바다는 '바ᄅᆞᆯ(발ᄋᆞᆯ)' 이다. '발' 의 조어형(祖語形)은 '받' 인데 여기에 접미사 '-아' 가 붙어 '바다' 가 되었으며, 이를 정리해 보면 '바다 〈 바ᄅᆞᆯ 〈 바ᄃᆞᆯ 〈 받' 으로 된다.[1)]

그런데 바다의 어원인 '받' 에 대하여 필자는 사물의 '바탕' 을 뜻하는 그 '받' 이거나, 모든 것을 '받아' 들인다는 뜻의 '받' 이 아닐까 하는 의문을 가지고 있다(이 점에 대하여 국어학계의 의견을 듣고 싶다).

> 돛 달아 바다에 배 띄우니,
> 멀리서 불어온 바람 만리에 통하네.
> 뗏목 탔던 한 나라 사신 생각나고
> 불사약 찾던 진나라 아이들 생각나네.
> (원문생략)
>
> — 고운 최치원, <범해(泛海)>

거가대교 공사 현장

바다는 사람들의 기개를 기르고, 한없는 동경과 모험심을 갖게 하며, 초월과 승화를 나타낸다. 한편 바다의 항해는 거센 파도나 바람, 눈비와 싸워야 하므로 고난과 고통의 상징이 되었으며, 그래서 어렵고 힘든 인생살이를 '고해(苦海)'에 비유하는 것이다. 앞에 소개한 고운의 시에도 항해의 어려움과 바다의 광막함이 잘 나타나고 있다. 고해에 비교되는 바다, 그 바다 위로 다리를 놓는 일은 얼마나 어렵고 힘든 일일까.

강이나 개울 위로, 그리고 골짜기 사이에 놓이던 다리가, 이제는 바다 위에서 섬과 섬, 섬과 육지 사이를 연결하는 해상 장대교로 발전하였다. 그리하여 서해대교(서해안고속도로), 영종대교(인천국제공항), 광안대교(부산) 등의 해상 교량이 속속 건설되기 시작하면서 우리나라의 해상교량 건설도 세계적 수준으로 향상되었다.

여기에 소개하는 거가대교(巨加大橋)는 부산광역시와 거제시를

잇는 남해안의 해상 장대교로서 2004년 12월에 착공되어 2010년 말에 완공되는 길이 8.2킬로미터의 다리이다. '거가(巨加)' 라는 이름은 경남 거제시(巨濟市)와 부산 가덕도(加德島)의 머리글자를 따서 만든 합성지명(合成地名)이다.

이 다리는 거제시 장목면 유호리와 부산시 가덕도의 천성동을 연결하는 교량이지만, 가덕도와 부산 녹산공단을 잇는 접속도로까지 합하게 되면 총16킬로미터가 넘는 큰 사업이다. 대우건설 등 7개 회사가 공동으로 투자하여 만든 GK해상도로(주)가[2] 설계 · 시공하고, 40년 동안 관리 · 운영하게 되는데, 8.2킬로미터 구간만 공사비가 1조 5천여 억 원(1999년 말 불변 가격 기준)이 투입되는 매머드 교량 사업이라고 할 수 있다.

그런데 거가대교는 그 이름처럼 거대하면서도 특별한 교량이다. 가령 부산을 출발한 자동차가 거제를 건너가기 위하여 가덕도에 이르면, 자동차는 바다 속으로 사라지게 된다. 가덕도와 대죽도 사이 약 3.7킬로미터 구간의 해저 터널 속으로 들어간 것이다. 다시 대죽도로 솟아 나온 자동차는 대죽도 – 중죽도 사이의 인공 섬을 지나고, 중죽도와 저도(猪島 ; 저도는 행정구역상 진해시에 속한다) 사이의 2주탑 사장교, 그리고 저도와 거제시 사이의 3주탑 사장교를 지나 거제시로 들어간다.

거가대교 조감도

국내 처음 선보이는 3.7킬로미터 해저 침매 터널과 3주탑 사장교

그러므로 이 다리는 섬과 섬 사이, 바다 위와 바다 밑 터널, 그리고 인공 섬을 한꺼번에 통과하게 되는 그야말로 '꿈의 다리' 라고 할 수 있으며, 동남해안의 관광자원으로 크게 각광받게 될 것이다.

이 다리의 가장 큰 특징은 '침매(沈埋)터널' 인데, 여기서 '침매' 란 지명(地名)이 아니다. 토목기술상의 신공법 이름으로서 우리나라에서는 처음으로 선보이는 공법인데, 특수 콘크리트로 제작한 침매함을 연결해 바다 밑 터널을 만드는 방식이란다.

이 침매터널은 무게가 1개당 4만 5천 톤이나 되며, 통영에서 함체를 제작하고 준설선으로 수중 굴착한 해상 위치에 침설시키고, 수중에서 함체를 연결하여 터널을 조성한다고 한다. 또 유호리-저도 사이의 3주탑 사장교 또한 국내에서 처음 시도되는 공법으로서 그 위용이 크게 기대되는 구조물이라고 한다.

> 정신에서 출발하는 사람은 기술의 의의를 과소평가하고
>
> 물질에서 출발하는 사람은 기술의 의의를 과대평가한다.
>
> —U. 벤트

이 공사는 산 같은 파도와 싸우면서 온갖 악천후 속에서 이루어지는 대역사이다. 그러므로 이는 건설 기술에 대한 막연한 과대평가가 아니다. 침매 터널에 따른 복합적인 교량 건설 자체만으로도 우리나라 건설 기술을 진일보시키면서 교량 건설사(史)에 기념비적 존재로 등장할 것이기 때문이다.[3)]

원래 '거제(巨濟)'는 '크게 구하거나, 크게 건넌다'는 뜻이다. 먼저 거제시가 크게 구한 사례를 살펴보자. 1950년 11월 유엔군 포로수용소가 건설되어 10만여 포로가 이곳에 수용되었다가 반공 포로로 석방(구제)된 곳이기 때문이다. 두 번째는 6·25 사변 당시 1·4 후퇴로 피난민 20여만 명이 거제도로 들어와 목숨을 구했고, 세 번째는 옥포 대우조선소와 삼성중공업 조선소가 들어서서 수많은 근로자들의 일자리가 마련되었기 때문이다.

또 1971년에 건설된 거제대교(길이 740미터)와 그 이후의 신거제대교, 그리고 이제 동쪽으로 바다를 가로지르는 8킬로미터의 초대형 해상교량인 거가대교가 건설되면서 '거제'의 '크게 건넌다'는 의미가 확실해지는 것이다.

한편 부산 강서구의 가덕도 또한 이 다리가 개통됨으로써 큰 덕을 보게(보태게) 되었다. '가덕(加德)'이란 곧 '덕을 보탠다'는 의미인데, 그 이름이 다리 건설을 예언하는 이름이었던 것 같다. 또 거제도와 가덕도 두 섬의 머리글자를 합하면 '거가(巨加)', 곧 "커지고 보탠다"는 뜻이 된다. 이 다리가 남해의 명물이자 관광자원으로서 부산과 거제시 등의 지역 발전에 크게 이바지할 것임을 암시하고 있다.

경상도 말로 "그 아이의 성씨가 가씨인가?"를 다섯 글자로 줄이면 "가가 가가가?"로 된단다. 그 농담을 듣고 웃었던 기억이 있는데, 거가대교의 '거가'라는 이름을 듣고 맨 먼저 그 말이 생각났다.

---

1) 동아출판사, 《한국문화상징사전 1》, 바다, 297쪽.

2) GK해상도로(주)의 'GK'는 '거가'의 이니셜이다.

3) 거가대교의 침매 터널 공법과 3주탑 사장교 설치는 부산 진해신항의 선박 운행에서 항로 장애요인을 해소하려고 선택한 공법이라 한다.

남해군 지족리와 지족해협

그 전 창선대교 붕괴 사고가 남긴 '지족'의 교훈

知足里 知足海峽

1992년 7월 30일 경상남도 남해군 남해도 본섬과 창선도를 잇는 길이 450미터의 창선대교가 무너졌다. 그리고 그때 이 다리를 건너가던 한 사람이 바다에 떨어져서 숨졌다. 창선대교는 1980년에 완공되어 다리를 놓은 지 12년밖에 되지 않았으므로 당시 신문 방송이 이를 크게 보도하였다.

이 다리는 국도 3호와 77호가 겹치는 구간의 남해군 삼동면 지족리와 창선면 사이의 지족 해협을 건너는 연도교(連島橋)이다.[1)] 1900년 무렵 한강에 철교가 놓인 뒤 수천 개의 다리가 건설되었으나, 정부 수립 이후 현대식 공법으로 건설된 다리가 무너지면서(전쟁으로 무너진 것이 아닌) 그 다리를 건너가던 행인이 참사를 당한 것은 창선대교가 처음이었다.

그리고 창선대교 사고가 난 그 다음날(1992년 7월 31일), 공사 중이던 서울의 신행주대교가 무너진 모습이 저녁 9시 뉴스에 보도되었다. 연이은 교량사고 보도였다. 당시 신행주대교는 '사장교(斜張橋)' 라는 교량 공법에 따라 건설 중이던 특수 교량이었는데, 공사가

70퍼센트 이상 진척된 상태에서 한 순간에 도미노 게임처럼 무너졌지만 다행히 인명 피해는 없었다.

그때 길이 1.4킬로미터의 신행주대교 상판이 비스듬하게 내려앉은 모습을 보면서 '사장교' 라는 공법상 이름의 '기울어질(비낄) 사(斜)' 자가 도무지 마음에 들지 않았던 기억이 새롭다. 아직도 이 교량 공법의 이름이 바뀌지 않았다면 그 명칭을 다시 한 번 검토해 보기를 권하고 싶다.

다시 2년 뒤인 1994년 10월 서울 한강의 성수대교가 중간 부분이 내려앉았다. 이때 차량 6대가 강물로 추락하였고, 32명이 목숨을 잃는 큰 사고가 일어났다. 이렇게 교량 사고가 겹치게 되자 우리나라의 건설 산업에 대한 국제적 이미지나 신뢰도가 타격을 받게 되었으므로, 이는 정부가 주도적으로 교량 안전 점검과 공사시공 관리 등을 대폭 강화하는 계기가 되었다.

그래서 여기에 소개하는 지명이 바로 '지족리' 와 '지족해협' 이라는 이름이다.

군자는 만족할 줄 아는 것으로 귀하게 되니

만족함을 알면 몸이 욕되지 않네

君子貴知足

知足身不辱

— 서거정, <사가집> 가운데서

부족해도 족함을 알면 항시 여유가 있고

족해도 부족하다면 항시 부족하다

不足知足 每有餘

足而不足 常不足

— 작자 미상

옛 사람들은 지분(知分; 자기 분수를 아는 것), 지지(知止; 그칠 줄 아는 것), 지족(知足; 족함을 아는 것)을 보태서 '삼지(三知)'라 하였고, 유명한 노자(老子)의 《도덕경(道德經)》도 '지족'을 중요한 덕목으로 꼽았다.

교량 사고 이야기를 하다가 웬 동양 철학이요, 유학(儒學) 강의냐고 하겠지만, 지족리나 지족 해협이 바로 이 '지족' 사상에서 비롯된 이름이기도 하면서, 한편 지족의 '족(足)'이 곧 교량-다리(발)를 나타내기도 한다. 창선대교의 사고 원인이 바로 교각의 하부, 곧 발〔足〕에 해당하는 부분이 무너짐으로써 발생하였는데, 필자가 이것을 자세히 기억하는 이유는 그 당시 건교부 도로국에 근무하고 있었기 때문이다.

사고가 발생할 때마다 "조금만 주의를 기울였더라면", "관리를 철저히 했더라면", "안전수칙을 지켰더라면", "공사를 철저히 시공했더라면" 하고 사후 약방문을 써대고, 정해진 수순인 양 '예고된 재앙'이나 '인재(人災)'라고 말한다. 그러나 인간의 손으로 만들어진 것 치고 부서지지 않을 것이 어디 있으며, 무너지지 않을 것이 어디 있으랴.

어쨌든 이 땅에서 교량 붕괴 사고를 막아내는 방법은 없을까.

공자는 40세를 '불혹(不惑)', 50세를 '지천명(知天命)'이라 하였다는데, 이 나라 교량 건설의 역사도 50년을 훨씬 넘긴 나이다. 그러므로 '다리의 지족'을 실천해야 하겠고, 나아가 '다리의 지천명'이 되어야 한다.

더 자세히 설명하자면, 교량의 정밀한 안전 진단으로 그 수명을 검증하는 것이 '다리의 지족'이 되는 셈이요, 그 수명에 맞추어 적절한 보수, 신설, 철거를 단행해 나가는 것이 '다리의 지천명'이 될 것이다.

---

1) 한글학회, 《한국지명총람》 경남 편 1, 남해군, 310쪽.

여수시 취적리

신선이 부는 피리—취적리(吹笛里)와 여수 공항의 인연

吹笛里

신선도(神仙圖)나 취적도(吹笛圖)에는 신선이 피리를 불면서 선계(仙界)를 노니는 모습이 보인다. 불교나 도교에서 피리 소리는 천상의 음악을 뜻하였기 때문이다. 그런가 하면 오산(烏山) 굿의 군웅(軍雄)거리에는 군웅마마가 풍악을 잡히고 나오는데 여기에 피리가 등장한다. 피리는 인간이 신을 부를 때의 악기로 나오는 것이다.

우리 역사에서 대표적인 피리는 역시 만파식적(萬波息笛)이다. 신라 신문왕 때의 만파식적은 불면 적병이 물러가고, 전염병이 없어지며, 가물 때에 비가 오고, 장마가 그치는 등 모든 파도〔萬波: 이 세상의 모든 근심〕를 잠재우는 그야말로 만능의 신화적 피리이다. 이런 피리가 있다면 오늘날 이 나라의 빈부 갈등, 지역 갈등, 계층 갈등, 그리고 나라 안팎의 온갖 어려운 문제들을 이 피리 소리로 모두 해결할 수 있을 터이니 얼마나 좋겠는가.

본래 '적(笛)' 이란 구멍이 일곱 개가 뚫린 관악기로서 '약(籥)' 이나 '저' 라고도 불렀지만. 이 '피리 적(笛)' 이라는 말을 활용하여 '기적' (汽笛; 기차나 기선의 신호 소리)이라든지, '경적' (警笛; 자동차가

울리는 소리), '목적'(牧笛; 목동이 부는 피리), '무적'(霧笛; 등대에서 안개가 자욱할 때 내는 경고 소리)과 같은 이름이 생겨난 것이다.

'취적(吹笛)'이란 피리를 분다는 뜻이다. 전라남도 여수시 율촌면 취적리는 본래 이곳 지형이 풍수지리상 신선이 피리를 부는 형국 곧 선인취적형(仙人吹笛形)이므로 마을 이름을 취적리라 부르게 되었다고 한다.[1]

그런데 취적리 바로 남쪽 신풍리에 여수 비행장이 들어서면서 비행기가 뜨고 내릴 때마다 피리 부는 소리가 들려온단다. 여수 공항은 1971년에 활주로를 만들고, 1972년부터 비행기가 취항하기 시작하였는데, 비행기가 뜨고 내릴 때 비행기 소리의 끝부분이 피리소리나 휘파람 소리처럼 들리므로 이것을 '취적'이라는 마을 이름 탓으로 풀이하고 있다. 하늘의 신선이 아닌 하늘의 비행기가 피리를 불어주는 것으로 생각하게 된 것이다.

여수 공항이 들어섬으로써 정든 땅을 내놓고 떠난 사람들의 한숨과 탄식도 있었다. 본래 개발이 있는 곳에 떠나는 자와 남는 자가 생기게 마련이며, 그 과정에서 생활 터전을 옮기고 정든 땅을 떠나야 하는 아픔도 생길 수밖에 없을 것이다.

어쨌든 옛 선인들의 풍류가 담긴 '취적리'라는 이름이 여수 비행장을 불러들이고, 이 지역의 발전에 큰 구실을 하고 있는 것 또한 그 지명 탓이라고 해야 할 것이다. 더구나 2012년 세계 해양박람회가 여수에서 개최됨으로써 여수 공항을 이용하는 승객들도 크게 늘어날 것이며, 비행기 이착륙도 매우 잦아질 터이니 취적리의 피리 소리도 여수의 발전과 번영을 상징하는 소리가 될 날도 멀지 않았다.

지명은 미신도 아니고, 미스테리도 아니며, 또 과학으로도 설명할 수 없는 수많은 이야기를 만들어내고 있다. 물론 옛날에 붙여진 이름을 현대의 상황에 맞게 풀이하고 해석하는 것은 우리의 몫이다. 그리고 그것을 필자는 "말이 씨가 된다"는 옛말처럼 언령(言靈)의 조화라고 믿는다.

보리피리 불며
인환(人寰)의 거리
인간사 그리워
필 닐니리

—한하운, <보리피리> 가운데서

한하운의 피리는 바뀌고, 사라지고, 유전하는 모든 형체 있는 것들, 그리고 세월로 목숨을 갉아먹는 유한한 것들, 곧 그 자연과 인간에 대한 간절한 그리움을 노래한 것이다. 변화를 불러오는 것이 취적리의 피리 소리라면, 그 변화에 대한 그리움을 나타내는 것 또한 피리 소리일 터이다.

1) 한글학회에서 펴낸 《한국지명총람》 전남 편, 여천군 율촌면 취적리 참조.

서울 동작구 살피재

손오공 근두운 타듯, 서울에서 가장 깊은 에스컬레이터

'살피다' 라는 말은 어떤 현상을 관찰하거나 미루어 헤아린다는 뜻이다. 원래는 두 땅이 맞닿은 경계선이나 두 물건이 접하는 부분을 나타내는 명사로서 '살피(솔→숣+피)' 에 '-다' 가 결합하여 된 말이다.

이를테면 책갈피의 '피' 와 동원어로서, 여기서 피는 분(分) 또는 선조(線條)의 뜻을 지녔고, 이것이 발전하여 '살피다' 가 경계를 헤아려 살펴본다는 뜻의 '후(候)' 나 '심(審)' 으로 사용된 것이다. 곧 몰래 적의 형편을 염탐하고 살펴보는 것을 척후(斥候)라 하는데, 그 의미가 서로 통한다. 그러므로 우리말의 '보살피다' 는 '보다(見)' 와 '살피다' 의 합성어가 되며 옛글의 사용 예도 또한 같다.

원묘(圓妙)ᄒᆞᆫ 도리(道理)ᄅᆞᆯ ᄉᆞᆯ펴[省察]

—《월인석보》

안ᄒᆞ로 죄(罪)ᄅᆞᆯ ᄉᆞᆯ피고 드러가

—《두시언해》 초간[1)]

서울 동작구 상도동과 관악구 봉천동 사이에 살피재라는 고개가 있다. 이곳은 그 전부터 상도동과 봉천동의 경계가 되던 곳이었으며, 지금은 그 북쪽에 숭실대학교가 들어섰고, 이곳을 통과하는 지하철 7호선 역 이름도 숭실대입구역 또는 살피재역이라 부르고 있다.

조선 시대에 이 지역의 수목이 울창하고 도둑이 많아서 고개를 넘어가는 사람들에게 조심하면서 "살펴 가라" 고 당부하였으므로 '살피재' 라 부르게 되었다는 것이다. 하기야 지금도 우리가 어르신들을 배웅할 때는 "살펴 가십시요" 하고 인사를 드리는 터이다.

어쨌든 이 살피재에서 서북쪽으로 1.5킬로미터쯤 떨어진 상도동의 장승백이 일대도 그전에는 맹수가 출몰하고 숲이 울창하여서, 정조 임금이 수원의 사도세자 묘소에 다닐 때 어명으로 장승을 만들어 세우게 하였고, 그래서 '장승백이' 라는 이름이 생겨난 터이다. 그러므로 이 일대도 인가가 없고 으슥한데다가 통행인마저 드물어서 혼자 다니기가 쉽지 않았던 곳임을 알 수 있다.

그런데 '살펴본다' 는 뜻을 지닌 이 살피재가 오늘날 그 이름대로 맞아 떨어지고 있다. 지하철 7호선 살피재역(숭실대입구역)은 지상에서 지하철 승강장까지 직선거리가 45.49미터로서 서울 시내에서 가장 깊은 역이 되었고,[2)] 이곳에서 지하철을 타려면 지하 6층 승강장까지 에스컬레이터를 두 번 갈아타고 내려가야 하고, 거기에 소요되는 시간도 약 5분 남짓 걸린다.

그러니 에스컬레이터를 탈 때마다 살피면서 조심해서 타야하는 것은 물론이요, 또 위아래로 오르고 내리는 승객들이 여기저기를 자

살피재역의 에스컬레이터

세히 살펴보게 되니, 이 또한 '살피재' 라는 이름 탓일 것이다.

지하철 승강장까지 가려고 계단을 이용하는 경우에도 1~6층까지 계단 수만 230개로서 보통 지하철역의 계단 수 90~120여 개보다 훨씬 많아서 계단을 이용하는 승객도 별로 눈에 띄지 않는다.

이 살피재역에서 에스컬레이터를 타보면 내려가는 사람은 땅 밑으로 끝없이 가라앉는 느낌이 들고, 올라오는 사람은 하늘을 향하여 손오공 근두운 타듯이 솟아오르는 느낌이 든다. 첨단 문명에 실려 천상 세계와 지하 세계 사이를 오르락내리락하는 감회가 없을 수 없다.

조심해서 에스컬레이터를 살피며 타야 하는 살피재, 그리고 주위를 살피며 오르내리는 살피재이니 역시 옛 이름이 헛되이 그냥 전해지는 것이 아니다.

---

1) 백문식, 《우리말의 뿌리를 찾아서》, 삼광출판사, 2006, 286쪽.

2) 수도권에서 가장 깊은 지하철역은 성남시 수정구의 8호선 산성역(53.91미터)이며, 살피재역은 그 다음, 5호선 신금호역(42.12미터)이 세 번째이다.

울산시 태화강 외

울산 환경의 상징 태화강이 되살아나다

太和江

외황강(外隍江), 회야강(回夜江)과 작괘천(勺掛川)

울산광역시는 세 개의 강이 흘러내리면서 생긴 도시라고 말할 수 있다. 곧 태화강(太和江), 외황강(外隍江), 회야강(回夜江)이다. 그 가운데서도 태화강은 오늘의 울산을 만들어낸 젖줄이요 울산의 역사이며, 그 모태가 되는 강이니 곧 전국 최대의 산업도시 울산의 환경과 생태를 상징한다. 태화강의 내력은 뒤에서 따로 언급하기로 하고, 먼저 외황강과 회야강의 유래부터 간략하게 살펴보고 넘어가자.

외황강(外隍江)은 울주군 청량면 율리의 문수산에서 발원하여 개운포(開雲浦)와 처용리(處容里)를 지나서 온산항으로 흘러드는 물줄기이다. 그 이름을 보아서도 알겠지만, 이 강은 《삼국유사》에 나오는 처용설화의 현장으로 흘러드는 강이다. 여기서 외황강의 '외황(外隍)'이란 바깥 서낭당〔성황당(城隍堂)〕을 말하며, 개운포 옆의 울산시 성암동과 황성동은 그 전에 모두 서낭당이 있었던 마을이다.

한편 회야강(回夜江)은 경남 양산시 원효산에서 발원해 울주군 서생면과 온산읍 사이를 흘러 동해로 들어가는 길이 30킬로미터쯤 되

울산을 가로 지리러 흐르는 태화강

는 강이다. 이 강 이름은 언뜻 '밤에 돌아오는 강' 이거나 '돌아서 밤에 흐르는 강' 과 같이 낭만적으로 풀이하기 쉬운, 무슨 사연이 있을 것 같은 이름이다.

그런데 여기서 '회(回)' 는 강물이 돌아 흐르는 여울목을 뜻하는 것이며, '야(夜)' 는 우리말의 논배미를 나타내는 이두식 표기로서 야(夜)=밤(배미)이 된 것이다. 그러니 회야강의 우리말 풀이는 '논배미를 돌아서 흐르는 강' 으로서 돌배미내 〉 돌밤내 〉 회야강이 된 것이며, 이 강의 또 다른 이름도 있으나 지면관계로 여기서는 생략한다.

태화강은 길이 41.5킬로미터, 유역 면적 485평방킬로미터쯤 되는 큰 강으로서 서쪽의 고헌산록, 곧 경주시 산내면에서 발원하여 울주군으로 흐르고, 상북 평야에 이르러 '만당(萬堂)걸' (혹은 인당걸이라고도 함)이 되며[1] 언양 고을에 이르면 '남천(南川)' 이 되니, 남천은 곧 우리말로 '앞내' 라는 뜻이다.

태화강으로 흘러드는 수많은 지류를 여기에 다 적을 수 없으나 우리가 꼭 알아두어야 할 몇 개의 강줄기만 그 유래를 살펴보고자 한다.

언양읍 반송리에서 태화강으로 합류하는 물이 작괘천(勺掛川)인데,[2] 이 하천의 이름은 울주군 삼남면 교동리의 하천가에 있는 작천정(酌川亭)이라는 정자에서 찾아야 할 것이다. 작천정의 '작(酌)' 은 술잔을 따른다는 뜻이요, 작괘천의 '작(勺)' 또한 잔을 돌리거나 술잔을 드는 것을 뜻한다. 그러니 작천정에서 선비들이 태화강의 천렵을 즐기면서 서로 술잔을 권하던 정경을 떠올릴 수 있다. 또 이름에 '작(勺)' 이 있는 것은 이 정자 앞의 시내 바닥이 패여서 큰 것은 호박〔구(臼)〕이요, 작은 것은 술잔처럼 생겼기 때문이라고도 한다. 그리고 작괘천의 괘는 '걸 괘(掛)' 이니 서로 술을 따르고 잔을 권하다가 술자리가 끝나자 '잔을 정자에 걸어둔 내' 라는 뜻으로 붙여졌다. 옛 선비들의 풍류와 운치가 참으로 잘 묻어나는 이름이 아닌가.

빛나는 문화유적, 반구대 암각화와 천전리 각석

태화강의 여러 물줄기에는 오늘의 울산이라는 거대 공업도시를 위하여 대암댐 · 사연댐 등이 만들어져서 울산 시민의 젖줄이 되고,

산업 시설의 공업용수를 공급해주고 있으니 태화강의 그 넉넉한 덕을 필자가 여기서 칭송함도 부질없는 일이다.

그러나 태화강을 이야기하려면 더욱 아득히 거슬러 올라가야 한다. 이미 역사 이전에 우리의 먼 조상들이 이곳에 터를 잡고 모둠살이를 시작하였던 생활의 흔적이 이곳 강변 곳곳에 빛나는 문화유적으로 남아 있기 때문이다.

언양읍 대곡리 대곡천변의 '반구대(盤龜臺) 암각화(岩刻畵)'는 청동기시대 유적으로서 높이 2미터, 폭 8미터의 물가 암벽에 호랑이 · 사슴 · 염소 · 고래 등 여러 동물들을 선화(線畵)로 새겨놓았고, 특히 여기에 새겨진 수많은 고래 그림들은 오늘날에도 탄복할 만큼 예전 울산 바다(장생포)의 고래 포획 종류와 거의 일치하고 있다고 한다. 반구대란 이곳 반구산의 모양이 엎드린 거북과 같아 붙여진 이름이다.

또 이 강 줄기의 바로 상류가 되는 울주군 두동면 천전리에도 전국적으로 알려진 소중한 문화유적이 있으니 '천전리 각석(刻石)'이다. 이 각석 또한 물가 바위의 반반한 면에 동심원(同心圓), 와문(渦文) 등 여러 가지 기하문을 새겨놓았으며, 동물이나 여러 문양이 새겨져 있어서 우리나라 선사문화 연구의 귀중한 자료가 되는 곳이다. 이곳 천전리(川前里)는 원래 내전(奈前)이라고도 부르던 마을인데, 여기서 내(奈)=천(川)이 모두 우리말 '내'를 뜻한다.

이곳에서 하류로 내려가면 울주군 범서읍 입암리(立岩里)가 되는데, 이 마을은 글자 그대로 태화강 속에 거대한 선바위가 있어서 생긴 이름이다. 옛날 백룡이 살았다는 이곳의 검푸른 못을 백룡담(白龍潭)이라 하고, 이 물 가운데 하늘을 찌를 듯이 솟은 백 척이 넘는 바위가 선바위이다. 이처럼 울산의 역사와 문화를 실어 나른 태화강은 예로부터 고래잡이로 널리 알려졌던 장생포 항과 울산 현대 미포 조선소 사이를 빠져 나가 동해로 합류한다.

그럼 태화강의 '태화(太和)'는 무엇을 뜻하는 이름일까. 원래 태화란 《역경(易經)》에서 '음양이 조화된 원기'를 뜻한다. 음과 양의 어느 하나도 차서 넘치지 아니하고 서로 잘 조화된 상태를 말한다.

신라 선덕여왕 때 자장율사가 당나라로 건너가서 수도할 때의 일이다. 산동반도의 태화지변(太和池邊)을 지날 때 한 신인(神人)이 나타나서 말하기를 "너희 나라는 여자가 임금이 되어 덕은 있으되 위엄이 없으므로 이웃 나라가 자주 침략하는 것이니 빨리 본국으로 돌아가라" 하였다. 자장이 묻기를 "고향에 돌아가서 무엇을 하면 나라에 도움이 되겠습니까?" 하였다.

태화(太和)란 음양의 조화=산업도시와 생태환경의 조화

그러자 신인이 말하기를 "황룡사를 지키는 호법용이 나의 장자이니 본국에 돌아가 그 절에 구층탑을 세우면 이웃 나라가 항복하고 구한(九韓)이 와서 조공하며, 왕업이 길이 태평할 것이다. 탑을 세운 뒤 팔관회를 베풀고 죄인을 석방하면 외적이 신라에 해를 입히지 못할 것이다" 하였다.

자장율사가 이 말을 듣고 신라로 돌아올 때, 사포(絲浦; 지금의 태화강변 부근)에 머물다가 그것이 인연이 되어 당나라의 '태화지변 신인' 이 바라던 곳에 절을 세우고 태화사(太和寺)라 하였으며, 이 절로 말미암아 강 이름도 태화강이 되었다고 한다.[3] 《삼국유사》에도 "산의 동쪽에 태화강이 있으니 중국의 태화지룡(太和池龍)의 식복(植福)을 위하여 설한 것이므로 용연이라 한다" 고 하였다.[4]

그러므로 태화강이라는 이름에는 자장율사에게 나라를 구원하도록 이끈 '태화지변 신인' 의 일념과, 또 차고 넘치지 아니하며 서로 조화를 이루어 상생하는 '태화' 의 정신이 스며들어 있는 것이다.

붉은 난간 관도에 임했고, 푸른 물결은 절 문에 격했어라.
시끄러운 수레소리 동헌으로 돌려보내니, 노래가 날마다 끊이지 않네.
가랑비 속에 꽃은 가지에 피고, 봄바람 이는 곳 술이 잔에 가득하네.
고금에 떠나는 한, 달은 황혼인데, 고기 잡는 노래 소리 앞마을에 들리네.

이것은 조선 시대 태화루(樓)에서 쓴 옛 사람의 시이다.[5]

그동안 산업도시 곧 공업도시이자 공해도시로 알려진 울산의 태화강은, 문명의 뒤처리를 감당하는 대표적인 오염된 강으로 알려져 왔다. "생명이 살 수 없는 강" 이라고도 하였다. 강에서는 썩은 냄새가 풍겼고, 아파트들은 태화강을 등지고 서 있으며, 태화강변 삼산동 일대는 울산에서 집값이 가장 싼 지역이었다.

그런 태화강이 되살아났다. 2003년부터 연어와 은어가 이 강을 찾아오기 시작하였고, 최근에는 강가에서 수달이 확인되기도 했다. 강

바닥에서 청정 수역의 조개가 잡히고 있으며, 시민들은 태화강에서 열린 수영대회에 참가한 뒤 강이 살아났음을 확인하였다고 한다.

이것은 태화강으로 유입되는 하수관을 새로 설치하여 오수를 차단하고, 오염된 강바닥 모래를 파내는 등 집중적으로 노력했기 때문이다. 그리하여 이제 울산시는 항상 따라다니던 '공해도시' 라는 오명에서 벗어났다. 환경 생태와 산업이 공존하는 도시로 탈바꿈한 것이다. 태화강변의 택지는 이제 울산에서 가장 비싼 주택지가 되었고, 태화강 대숲은 국내 최대의 백로 서식지가 되었다.[6]

음양이 조화된 원기를 뜻하는 '태화강(太和江)' 이 그 이름대로 친환경 생태 산업도시를 대표하는 강으로 거듭 태어나서, 서로 공생하고 상생하는 조화의 원기를 실현하고 있는 것이다. 전국 7대 도시 대기질 종합 평가에서 울산이 1위로 올라선 것도 모두 이 태화강의 이름 탓이라고 해두자.

---

1) 만당걸(만당천)은 부족국가 시대에 거지화 현의 고을 치소가 있었던 곳이므로 수많은 집이 있어서 만당+걸(내)이라 부른다.

2) 작괘천을 지금 지도에는 작수천으로 표기한 곳도 있다.

3) 이유수, 《울산지명사》, 울산문화원, 1986, 724~728쪽.

4) '산의 동쪽' 이라 함은 양산 통도사가 있는 영축산을 말한다.

5) 《신증동국여지승람》 울산군 팔영중 태화루.

6) 조선일보, 2007. 7. 17일자 보도.

가평군 조종천과 청평댐

산과 물과 인물이 어우러져 궁합이 잘 맞는 명승지

加平郡 朝宗川 清平

조종은 제후국의 복종, 강물 흘러드는 바다의 두 가지 뜻

물은 모여서 흐르는 속성을 지녔다. 나뭇잎에 떨어진 한 방울 빗물이 모여서 실개천이 되고, 실개천이 모여서 개울이 되고, 개울이 모여 강의 지류가 되고, 강물이 되어 도도히 흐르다가 마침내 바다로 들어간다. 이것을 더 연장해 보면 인류의 역사는 강의 역사이고, 인간의 영고성쇠는 강물과 함께 이루어졌다고 해도 과장이 아니다.

그러므로 큰 강은 수많은 지류들의 모임이며, 그 지류마다 저 나름의 사연을 지니고 있으니, 강물이야말로 그 사연들을 실어 나른 역사의 통로가 되는 것이며, 이런 강과 물줄기의 이야기를 모아서 정리해 본다면 참으로 좋은 문화사적 자료가 될 수 있을 것이다.

여기서 이야기하고자 하는 북한강의 지류 조종천은, 가평군 하면 상판리 귀목마을 큰드레골에서 발원하고 청평면(전 외서면) 청평리 창촌에서 북한강에 합류하는, 길이 41.25킬로미터의 하천이다.[1)]

그런데 조종천이라는 이름은 가평군 하면 대보리의 조종천 옆에 대통묘(대보단)가 있고, 그 단 안의 암벽에 '조종암(朝宗巖)'이라 새겨져 있기 때문이기도 하지만, 더 거슬러 올라가면 이 지역이 고려 때 조종현(朝宗縣)이라는 고을에 속했기 때문이기도 하다.

> 일찍이 포천 가는 길에 굴파를 넘어서 안장을 내리고 잠깐 조종에서 쉬었다. 어지러운 산 깊은 골을 뚫고 가는데, 한 가닥 길이 꼬불꼬불 굽이도 많다.……[2] (원문 생략)

여기서 조종이란 무슨 뜻일까. '조종'은 사물의 시작이나 그 본줄기를 뜻하기도 하지만, 원래 '조(朝)'는 아침이라는 뜻 말고도 '이르다(早)'는 의미와 함께 신하가 임금에게 얼굴을 보인다는 뜻도 아울러 지닌 글자이다.

마찬가지로 '조종(朝宗)'이란 말도 강물이 모여서 바다로 흘러 들어간다는 뜻을 지닌 말이기도 하고, 한편 제후가 임금을 배알하는 것을 나타내며, 봄에 배알하는 것을 '조(朝)', 여름에 뵙는 것을 '종(宗)'이라 하였으니, 제후국의 임금에 대한 복종을 나타내는 말이다. 그렇다면 이곳 조종천 옆 바위에 새겨진 '조종암'이라는 세 글자는 어떤 역사적 의미를 지닌 글자일까.

임진왜란 당시 명나라의 신종은 연인원 30만의 병력을 보내서 조선을 도와 왜적을 물리치는 데 큰 힘을 보탰다. 이를 두고 선조는 '재조지은(再造之恩)'이라며 왕실과 사대부의 숭명사상을 더욱 고무시켰다. 이 유교적 의리사상에 바탕을 둔 숭명보은(崇明報恩)의 정신은 병자호란과 명나라의 멸망을 거치면서, 청나라의 눈길을 피해 곳곳에 명나라를 기리는 봉제처(奉祭處)를 만들게 하였다.

중국과 대만까지 알려진 숭명배청사상의 제사처

1704년(숙종 30) 조선 왕실에서는 비원 안에 비밀리에 '대보단(大報壇)'이라는 제단을 만들고, 명나라를 받드는 제사를 지내게 하였는데, 이 제사는 효종 임금이 청나라에서 귀국할 때 데리고 들어온 명나라 유신(遺臣) 9인의[3] 후손 가운데 선발하여 그들이 모시게 하였으며, 이곳 대보리는 그 후손들이 정착하여 사는 곳이 되었다.

따라서 대보단은 명나라의 태조 · 의종 · 신종 세 황제를 제사지냈던 곳으로서, 병자호란으로 조정이 남한산성과 삼전도의 치욕을 겪게 되자, 군신의 명나라에 대한 의리와 청나라에 대한 배청(排清) 사상을 상징하는 이름이 되었다. 이곳 대보리도 궁궐의 대보단에서 비롯된 이름인 것이다.

그러므로 이 바위 앞을 흐르는 하천을 조종천이라 부르게 되었는데, 조선 후기에 양반들은 서로 인사를 나누다가도 상대편이 이곳 출신을 뜻하는 '조종계출'이니 '대보계출'이니 하면, 토박이 양반들은 썼던 갓을 벗고 물었던 담뱃대를 뒤로 돌리며 이들을 극진하게 예우하였다고 한다.[4]

이 숭명배청사상이 담긴 기념비적인 바위에는 1684년(숙종 10) 뜻있는 선비들이 명나라 의종의 글씨인 '사무사(思無邪)'(마음속에 사특한 생각이 없게 함)를 맨 위쪽에 새겼다. 그 아래 선조의 친필인 '만절

필동(萬折必東)'(만 번을 굽어져도 반드시 동쪽으로 흐른다는 뜻. 충북 괴산의 만동묘는 이 '만절필동'의 약자에서 따온 이름임), 그리고 효종이 우암 송시열에게 내린 '일모도원(日暮途遠) 지통재심(至痛在心)'이라는 여덟 글자와, 선조의 손자 낭선군 이오가 새긴 '조종암' 세 글자 등이 남아 있다.

〈조종암기실비명(朝宗巖紀實碑銘)〉에서 한 부분을 옮겨 본다.

> 모든 물이 바다로 흘러가니 바다가 물의 왕이 되고, 왕자의 일은 제후가 조회하는 것보다도 더 높은 것이 없는 까닭에 양자강과 한수가 동쪽으로 흘러가는 것을 '조종'이라고 부른다. ……[5] (원문 생략)

이 조종암에서 지내는 명의 세 황제에 대한 제사는 1958년부터 다시 시작되었고, 조종암과 대통묘는 명 황제에 대한 세계에서 유일한 봉제처로서 매년 음력 3월 19일에 제사를 올리는데, 이 사실이 중국의 《인민일보》와 대만의 신문에 크게 보도되어 화제가 된 적이 있다고 한다. 대통묘에는 우리나라 문무 9현인 김상헌, 김응하, 홍익한, 임경업, 이완, 윤집, 오달제, 이항로, 유인석과 명나라의 9의사가 각각 동서로 배향되어 있다.

가평과 청평, 김육과 잠곡리, 호명산과 양수발전소의 인연

그런데 참으로 신통한 것이 바로 이곳 지명이다.

이곳은 고구려 때 복사매(伏斯買) 또는 심천현(深川縣)이었던 곳인

청평댐

데, 신라 때 준천(浚川)으로 바뀌었고, 고려 초에 지금의 이름인 조종현으로 바뀐 뒤 1018년(고려 현종 9) 춘천부에 딸리게 된 고을로서, 그 이름 '조종'이 명나라를 받드는 조선의 숭명사상과 신통하게 통하고 있다. 그리고 조선 후기에 귀화한 명나라 9의사의 후손들이 이곳에 정착하고 숭명배청사상의 제단을 세우게 된 그 역사적 사실이 참으로 기막힌 인연이 되고 있는 것이다.

조종천이 북한강으로 흘러드는 곳은 원래 가평군 외서면이었는데, 2004년 면 이름을 바꾸어 청평면(淸平面)이 되었다. 이곳 청평면 청평리 잠곡(潛谷) 마을은 조선 효종 때 영의정을 지냈고, 대동법을 시행한 김육(金堉)이 살았던 곳이다. 그는 상평통보를 유통시켰고,

물수레(水車; 낮은 곳에 있는 물을 높은 곳으로 퍼 올리는 도구)를 만들었으며, 실학의 발전에 이바지한 인물이다.

그런데 1943년 우리나라에서 두 번째로 이곳에 수력발전소가 건설되면서 잠곡 마을이 물에 잠기게 되었다. 그러나 당시 유림에서 거세게 반발하여 청평 댐을 약간 북쪽으로 옮겨 축조하게 됨으로써 물에 잠긴다는 뜻의 잠곡이 그 이름대로 수몰되는 것만은 피하게 되었다.

생각해 보면 가평은 청평(淸平) 댐 축조로 말미암아 큰 물벌〔水平〕을 하나 보태게〔加〕 되었으니, 역시 '가평(加平)' 이라는 이름이 현실로 이루어졌고, 또 청평에는 호수가 들어서서 '맑은 벌' 이 되었으니, 모두가 그 이름 탓이라고 해야 할 것이다.

또 상평통보(常平通寶)를 유통시킨 김육 선생의 고장이기에 상평(平)에 청평(平), 가평(平)이 되었던 것 같고, 그가 만들었던 물수레는 이곳 호명산으로 물을 끌어올리는 양수(揚水)발전소와 인연이 닿은 것으로 보이기도 한다.

> 세상사 말로 이룰 수 없고
> 마음의 비통함 다 할 곳 없네.
> 봄바람에 두 줄기 눈물 흘리며
> 홀로 깊은 산중에 누웠네.[6] (원문 생략)

이것은 김육 선생이 가평에 정치적 이유로 은거해 있을 때 지은 시이다. 청평호반을 끼고 가평 남쪽에는 높이 632미터의 범울이뫼

〔호명산(虎鳴山)〕가 있다. 이 산의 해발 535미터 지점에는 1980년에 건설된 우리나라 최초의 양수발전소가 있어서, 심야에 청평호의 물을 퍼 올렸다가 전력 소모가 많은 낮에 떨어지는 물을 이용한 낙차 발전으로 6시간 동안 전기를 공급하고 있다. 이 양수발전소 터빈에서 나는 굉음이 바로 호명산 호랑이의 울음소리인 듯하고, 또 심야에 물을 끌어올리는 양수 시설은 김육의 수차를 생각나게 하니, 산과 물과 인물이 현대 문명과 어우러져 기막힌 인연을 만들었고 또 오늘날 지명의 의미를 되짚어 보게 한다.

끝으로 다시 언급하고 싶은 이름이 바로 '조종천'이다. 여기서 '조종'은 강이나 바다로서 갖는 의미와 함께 숭명(崇明) 사대(事大) 사상을 나타내는 말이다. 그 이면에는 조선 왕조의 신하들이 조선을 스스로 제후국처럼 낮추었던 시대상이 담겨 있어서 썩 좋은 이름이라고 생각되지 않는다.

어쨌든 가평을 이야기하다 보면 땅과 사람의 궁합이 잘 맞는 곳으로 이곳 청평 일대를 꼽게 되는데, 그런 것을 지명이 잘 설명해 주고 있다. 특히 가평의 산자수명(山紫水明)한 풍광은 자연과 인간이 어떻게 어울리고 어떻게 상생(相生)하는 것인지를 잘 보여준다.

---

1) 이형석, 〈조종천〉, 《국토와 건설》, 1990년, 2월호, 114쪽.

2) 《신증동국여지승람》 가평군조에 실린 이맹균(세종 때의 학자)의 시.

3) 9인은 청나라가 들어서자 반혁명을 꾀하다가 조선으로 망명한 사람들로서 9의사(九義士)라고도 하며, 왕미승, 빙삼사, 황공, 정선갑, 양길복, 왕이문, 배삼생, 유한산, 왕문상을 가리킨다.

4) 이규태,《선비의 의식구조》, 신원문화사, 1984, 194쪽.

5) 신현정,《가평의 자연과 역사》, 피플뱅크, 1994, 323쪽.

6) 이홍환, 월간《수자원》, 14쪽.

여수시 현천리 쌍둥이마을

인간이 헤아릴 수 없는 생명 탄생의 비밀

玄川里

120년 동안 한 마을 35가구에서 38쌍 쌍둥이 탄생

우리가 가슴에 가슴을 맞대고 숨을 모을 때마다
태어나지 않은 영혼이 우리에게 자꾸만 접근해 온다.
우리들 정욕의 물결과 함께
그들은 생명을 부여받고자 한다.

— H. 카로사, <수태> 가운데

'고고(呱呱)' 라는 말이 있다. 아이가 태어나서 처음으로 우는 울음소리를 말한다. 그런데 한 사람의 산모에게서 연달아 아이 울음소리가 들렸다면 그것은 쌍둥이의 탄생을 의미한다.

현대의 과학으로도 풀리지 않는 수수께끼. 그것이 바로 여수시 소라면 현천리 쌍둥이마을의 비밀이다. 1859년 중촌 마을 경주 정씨 집안에서 첫 쌍둥이가 탄생한 뒤, 1979년까지 120년 동안 전체 75가구 가운데 35가구에서 38쌍의 쌍둥이가 태어났기 때문이다.

쌍둥이가 태어날 확률은 보통 89회 출산 가운데 1회로 보는데, 이곳 쌍둥이 마을은 13회 출산마다 한 쌍의 쌍둥이가 태어나서 평균치보다 7배나 확률이 높다. 38쌍이라는 숫자도 실제는 그보다 더 많을 것이라고 하였다. 그 시절이 워낙 먹고 살기 어려운 시절이다 보니 쌍둥이를 낳으면 키우기가 힘들어서 쉬쉬하면서 아기무덤에 매장해 버린 경우도 있었다는 것이다.

이곳이 쌍둥이 마을로 세상에 알려지게 된 것은 1981년 전국민속예술경연대회에서 이곳 중촌 마을 '소동(小童)패 놀이'가 대통령상을 받게 되었을 때이다. 이때 소동패 놀이를 취재하러 내려온 기자가 마을 호적에서 수많은 쌍둥이를 발견하고 그 사실을 보도하였기 때문이다.

그 뒤 이 마을 '쌍둥이의 신비'는 국내 신문, 잡지, 방송은 물론 외국의 언론에까지 보도되었다. 또 한국 가톨릭의대 강남성모병원과 경희대학교 등에서 그 원인을 조사하기도 했다. 특히 가톨릭의

쌍둥이마을 표지판

쌍봉산

대에서는 마을 주민을 대상으로 혈청 검사, 조직 검사 말고도 수질 검사 등을 실시하였으나 뚜렷한 원인을 찾아내지 못했고, 다만 "유전적이 아닌 후천적 요인"이라는 결론을 내렸다.

한편 이 사실은 1990년 기네스북에 세계 제일의 쌍둥이 마을로 기록되었는데, 이 마을에 보관중인 기네스 인증서에는 "38 fair in only 275 families" 라고 되어 있다. 여기서 275라는 숫자는 38쌍의 쌍둥이가 태어난 가족 단위의 세대수를 말한다.

쌍둥이 출산은 동쪽 해 뜨는 곳—이는 쌍봉산의 정기 탓

현천리 중촌 마을에서 쌍둥이가 기록적으로 출산되는 원인은 무엇일까? 그 원인으로 중촌 마을 이장인 오유암 씨는[1] 이 마을에서 동쪽으로 6킬로미터쯤 떨어진 "쌍봉산(雙鳳山)의 정기(精氣)" 때문이라고 풀이하였다. 한편 이곳을 답사한 풍수지리학자 최창조 교수는 부엌의 좌향이 쌍봉산을 향한 탓으로 보았고, 또 다른 이는 집 대문의 방위가 쌍봉산을 향하면서 산 모습이 잘 바라다 보이는 집에서만 쌍둥이가 태어난 것으로 분석하였다.

결국 쌍둥이의 출산 원인을 대부분 쌍봉산에서 비롯되었다고 보고 있는 것이다. 그 이유는 첫째 쌍봉산의 좌향이 중촌 마을에서 해 뜨는 동쪽 방위에 해당되고, 둘째 이 산을 일명 쌍태산(雙胎山)이라 부르는데다가, 산 이름에 '두 쌍(雙)' 자가 들어 있기 때문으로 보아야 할 것이다.

예로부터 말에는 신비한 영(靈)이나 주력(呪力)이 있다고 믿었다. 이것이 바로 언령(言靈)이다. 《삼국유사》에 '중구삭금(衆口鑠金)' 이라 하여 "뭇사람의 말은 쇠도 녹인다"고 하였다. 이것은 신라 성덕왕 때 동해 용왕으로부터 수로 부인을 구해낼 때의 이야기이다.

말 가운데서도 지명(地名)은 특히 언령을 지닌 경우가 많다. 어떤 이름(예를 들어 쌍봉산)을 수많은 사람이 오랜 세월 동안 한 목소리로 부르게 되면 큰 주력을 지니게 되고,[2] 그로 말미암아 쌍봉산에 형성된 정기를 받고 쌍둥이가 태어난 것으로 볼 수도 있는 것이다.

'쌍봉산(雙鳳山)' 이라는 이름은 옛날 전봉산(戰鳳山 또는 翦鳳山, 일명 태미산)의 봉황과 구봉산(九鳳山)의 봉황이 서로 싸우다가 두 마리가 모두 이곳에 떨어져 죽었으므로 '쌍봉' 이라 부르게 되었다고 한다.[3] 그러므로 이 두 마리 봉황의 죽음이 곧 쌍둥이의 탄생으로 이어졌다고 볼 수 있다. 그것을 생명체의 죽음과 탄생이 바람개비처럼 돌고 도는 순환의 과정으로 이해하면, 쌍봉산-쌍둥이의 관계도 그런 윤회적 관계로 설명할 수 있을 것이다〔참고로 이 산은 하나의 산에 두 개의 봉우리가 있는 쌍봉산(雙峰山)이 아니고 두 개의 산이 겹쳐져서 마치 쌍봉처럼 보일 뿐이다〕.

삼신할머니가
입을 복도 많이 붙여주고,
먹을 복도 많이 붙여주고,
짧은 명은 길게 하고,
긴 명은 쟁반에다
서리서리 서려놓게 점지하시고,
……
명일랑 동방삭의 명을 타고,
복일랑 석숭의 복을 타고,
남의 눈에 꽃으로 보고
잎으로 보게 점지 하옵소서.

이것은 충북 옥천 지방에서 출산할 때 삼신할머니에게 올리는 축원이다.

쌍둥이 출산 멈춘 지 30년, 삼신령이 돌아섰나?

삼신할머니를 남쪽 지방에서는 '삼시랑' 이라고 하는데, 원래 이름은 '삼신령(三神靈)' 이며 아기를 점지하고 산모와 생아(生兒)를 지키는 신이다. 그동안 삼신할머니가 이 마을의 쌍둥이 출산을 위하여 애쓰며 지켜주었을 터인데, 지금은 이곳의 쌍둥이 출산이 거의 멈추었다고 한다.

1979년 이 마을에서 마지막으로 자매 쌍둥이가 나온 뒤 30년이 지난 것이다. 삼신할머니가 쌍둥이 출산에서 손을 뗀 것일까? 아니면 출산할 젊은이들이 모두 도시로 떠났기 때문일까. 그도 아니라면 여수 여천 지역의 광범위한 개발 때문에 쌍봉산 정기가 사라진 것일까.

여기서 한 가지 더 살펴보아야 할 이름이 있다. 쌍둥이 마을인 중촌(中村)은 행정구역상 소라면 현천리(玄川里)에 속한다. 전해지는 바로는 옛날 이 마을의 내가 늘 말라 있었으므로, 가물다는 뜻의 '가무내' 를 한자로 표기하면서 현천리(玄川里)가 되었다는 것이다.[4)]

그런데 현천리의 '현(玄)' 은 단순히 검다는 뜻만 지닌 것이 아니다. 현(玄)이란 보려고 해도 잘 보이지 않고, 알려고 해도 알 수 없는 것, 바로 하늘의 일을 암시하는 글자이다. 어떤 이치나 사물을 찾아야 하는데 워낙 심원하고 가물가물하여 '가물 현(玄)' 이니 헤아릴 수 없이 미묘하다는 뜻이다. 생명의 탄생, 하물며 인간의 출산이라는 그 현묘한 이치를 인간이 어찌 다 헤아릴 수 있으랴.

어떤 이는 이곳 중촌(中村) 마을이 쌍둥이 마을로 유명해진 것은 그 '중(中)' 자가 '입 구(口)' 자를 반으로 갈라서 두 개의 구(口) 자가 되기 때문이라고 풀이하는 것을 보았다. 그러나 이 나라에 백여 개가 넘는 중촌 마을을 다 어떻게 설명할 것인지. 또 예를 들어 '전촌(田村)' 이라는 이름을 가진 마을은 그 글자 형상이 구(口) 자가 네 개이므로 네 쌍둥이로 설명해야 할까?

인간이 알고 있는 지혜란 이 광대무변한 우주와 현묘한 생명의 세계에서 결국 "소 발자국에 고인 물" 에 노는 수준에 지나지 않는다. 쌍둥이 마을-쌍봉산 정기의 관계는 생명체의 수수께끼, 신비 그 자체로 남겨둘 일이다.

---

1) 중촌마을 이장 오유암 씨(010-7933-5314)

2) 가야국 수로왕 탄강 때 구지봉의 노래 말고도 이와 같은 신화적 소재가 나온다.

3) 내무부, 《지방행정지명사》, 1982, 499쪽.

4) 한글학회, 《한국지명총람》 전남 편, 여천군 소라면 현천리.

대구시 시지동

문화재 보호와 지역 개발 이론 정면충돌

時至洞

옛 유물 통해 시간의 지고무상함 배우는 곳

12간지(干支)에서 정한 시간표는 하루를 12시간으로 구분하였다. 그래서 저녁 8시 무렵은 술시(戌時)라 하였으니 술 마시기 좋은 시간, 밤 12시는 자시(子時)라 하였으니 자야하는 시간이 되는 것인가 보다. 또 이것을 요즈음 시간으로 따져보면, 낮 12시는 정오(正午)가 되고 밤 12시는 자정(子正)이 되는 것이다.

누구는 지구 이쪽에서 아침을 먹고, 누구는 지구 저쪽에서 저녁을 먹는다. 누구는 지구 이쪽에서 피서를 하고, 누구는 저쪽에서 스키를 탄다. 시간은 이처럼 무한히 많은 현상을 포용하며 도도히 흐르는 강물과 같다. 자연의 질서는 곧 그 자체가 거대한 시계이며, 그 질서의 생명력이 자연 시계의 본질이다.

우리가 알고 있는 '우주(宇宙)' 도 단순히 우주 공간을 말하는 것이 아니라, '우(宇)' 는 공간적 의미를, '주(宙)' 는 시간적 의미의 우주를 말하는 것이다. 그러므로 지구를 포함하여 그 어떤 존재도 시간의 규정을 받는다. 왜? 모든 존재는 시간(세월)의 풍화작용 안에 놓여 있기 때문이다.

공자가 강물을 보고 "흘러가는 것이 이와 같구나. 밤낮으로 그침이 없구나" 하고 탄식한 것도 시간이며, 싯다르타가 강물에서 깨달은 브라만도 그 요체는 역시 시간이다.

무시무종(無始無終). 시작도 끝도 없이 이어지는 시간의 바다. 그 무궁무진한 시간이지만, 그러나 한 번 가면 다시 돌릴 수 없는, 엄엄(嚴嚴)한 시불재래(時不再來)의 원칙. 처음 빅뱅(Big bang)과 더불어 생긴 이후, 시간이야말로 무소불위(無所不爲), 무소불능(無所不能), 쾌도난마(快刀亂麻)의 해결사이다.

시계의 바늘은 재깍거리면서 때가 되면 되돌아오지만, 시간은 눈으로 볼 수도, 손으로 잡을 수도 없는 존재로서, 모든 것을 주고 또 빼앗아 가는 심술쟁이이자 우주 운행질서의 본체이다.

'시간' 에 대해서 이처럼 장황하게 나열해 보았지만, 나 또한 시간 · 공간 · 인간, 곧 '삼간(三間)' [1]의 문제를 속 시원하게 정의한 답을 아직 발견하지 못하였다. 분명한 것은 인간이 공간을 이동할 수는 있지만, 시간을 이동할 수 없다는 절대적 대명제가 인류의 영원한 과제(풀 수 없는)로 남아 있다는 것이다.

이처럼 시간은 지고무상(至高無上)한 존재이다.

그래서 생각나는 이름이 대구의 '시지동(時至洞)' 이다. 시지동, 그 이름처럼 시간〔時〕의 지고 무상함〔至〕을 나타내는 곳.

1993년 9월 무렵 대구시에서 택지개발사업을 벌일 때 논바닥에서 줄줄이 쏟아져 나온 엄청난 삼국시대의 집단취락지 유적들…….

지금까지 거의 발견된 예가 없는 수혈 주거지 · 우물 · 지석묘 · 도로 같은 유적과, 숫돌 · 쇠낫 · 화살촉 · 토기 같은 유물이 쏟아져 나와 시공 중이던 아파트 공사가 중단되었으며, '보존과 개발' 이라는 두 명제가 정면으로 맞서게 되었고, 이때 공사가 지연되는 것을 보다 못한 시공자와 수요자 측에서 귀중한 문화유산을 파괴하는 등 심각한 갈등을 빚었던 곳이다.

그리하여 문화재보호법의 개정 문제가 공식으로 제기되었고, 이 문제가 국회에서 거론되었을 뿐 아니라, 우리나라 매장문화재의 발굴과 보존의 중요한 전기를 만들게 되었던 곳이다.

지금은 대구광역시 수성구 고산 2동(행정동)의 신시가지로 변한 시지동(時至洞).[2] 삼국시대의 거대한 취락지가 어찌하여 논밭으로 변했던 것일까. 그리고 이제 다시 대구시의 신시가지로 탈바꿈하면서 새 모습을 만들어냈으니, 지고한 시간(세월)의 힘이 적나라하게 나타난 곳이 바로 이곳이며, 그래서 '시지동(時至洞)' 이었던가 보다.

그러나 택지를 개발하여 아파트가 솟아오르고, 땅값이 오르고, 시가지가 생겨나 불야성을 이루는 그 모든 변화의 끝, 문명의 끝, 욕망의 끝은 어디일까.

시간은 그냥 저 혼자서 흐르는 것이 아니다. 모든 것을 휩쓸어가는 도도한 강물이다. 삼엄한 시간의 진리여! '시지동(時至洞)' 이라는 이름은 바로 그 가공할 진리를 가르쳐주고자 함이겠지만, 개발론자들은 문화재 때문에 개발이 지연되자 시간의 화석인 유물들을 파괴하는 등 시간을 거스르는 행위를 서슴지 않았다. 그래서 '시지동' 이라는 이름에 감추어진 또 다른 깊은 뜻을 확인하게 된다.

《한한대사전》을 보면 '시지이구용(時至而求用)' 이라 하여 '위급한 때', 혹은 '중대한 때' 를 가리켜 '시지(時至)' 라 하였다. 이곳에 매장되어 천 년이 넘는 세월을 견디어온 귀중한 문화재들이 훼손될 위기, 그 중대한 고비를 나타내기 위한 '시급한 때', 바로 그 '시지동' 이었던 것 같다.

---

1) '삼간(三間)' 이라는 말은 시간 · 공간 · 인간의 세 '간(間)' 을 나타내고자 필자가 만들어낸 말이며, 시간과 공간과 인간의 상호 문제는 과학과 철학을 아우르는 명제라고 할 수 있다.
2) 시지동은 예전 경북 경산군 고산면에 속했던 곳으로 1981년 7월 1일 대구시 수성구에 편입된 곳이다. 조선 시대에 국영 여관이었던 시지원(時之院)이 있었고, 또 시지장이라 하여 4일과 9일에 고산면의 장이 섰던 곳인데, '시지' 라는 이름의 다른 유래는 확인하지 못하였다.

강릉과 평창 사이 대관령

아흔아홉 굽이 사라진 고개 아닌 고개

大關嶺

백두대간 가로지른 33개 교량, 7개 터널의 탄탄대로

아흔아홉 굽이, 해발 865미터의 대관령 고개.

굳이 '고개'를 따로 붙이지 않아도 될 터인데, 사람들은 '대관령'이라는 이름 뒤에 또 '고개'를 붙여야 직성이 풀리는가 보다. 워낙 '험한 고개', '고개다운 고개'이기 때문일 것이다.

그 전에 "강릉에서 나서 평생 대관령을 한 번도 넘지 않고 죽으면 그보다 더 복된 삶은 없다"고 했단다. 그만큼 강릉 땅이 살기 좋을 뿐 아니라, 대관령 고개가 넘기 힘들었기 때문이다.

그러나 그 대관령 고개가 이제는 고개 같지가 않다. 아흔아홉 굽이가 사라진 탄탄대로, 강릉과 서울 사이의 백두대간을 이어주는 큰 도로일 뿐이다.

왜 그럴까.

2001년 11월 28일 영동고속도로 대관령 구간이 확장 개통됨에 따라, 그전에 아흔아홉 굽이 고갯길은 모두 사라지고 백두대간의 등허리를 가로지르는 직선화한 5차선(하행 2차선, 상행 3차선) 탄탄대로,

굽이 없는 도로가 생겼기 때문이다.

옛날의 굽이굽이 고갯길은 33개의 교량(총 길이 6.9킬로미터)과 7개의 터널(총 길이 4.2킬로미터)로 바뀌었으며, 교량 중 성산2교는 그 높이가 90미터나 되어서 고개를 넘는 것이 아니라 구름 위를 날아가는 것 같다.

높이 865미터의 고개는 깎이고 또 깎여서 766미터로 100여 미터가 낮아졌고, 강릉까지 50분 걸리던 고갯길을 10~15분에 다닐 수 있게 되었다. 확장된 대관령 고개 위에서, 필자는 이제 고개가 아닌 길의 편리함에 길들여지고 갈수록 빨라지고 있는 문명 세계의 속도를 실감하였다.

그리고 하늘을 찌르듯 솟아오른 교각의 가공할 위용에 기죽고 말이 막혔다.

그때 생각난 것이 유명한 노자(老子)의 《도덕경(道德經)》 가운데 몇 구절이다.

큰 음악은 소리가 없다

큰 네모는 모서리가 없다

큰 형상은 모양이 없다

大音希聲

大方無隅

大象無形

그렇다면 백두대간을 가로지르는 '대관령(大關嶺)' 은 그 이름처럼 큰 고개이므로 '대령무곡(大嶺無曲)', 곧 "큰 고개는 굽이가 없다"고 해야 할 것이다.

이제 대관령은 탄탄대로가 되었다.

대관령의 또 다른 옛 이름이 '단단대령(單單大嶺)' 인데, '단단' 이 '탄탄' 으로 바뀌었거나, 굽이치는 복잡한 고개 길을 단순화(單純化)하였으니 단단대령(單單大嶺)이라는 이름이 맞는 것 같다.

또 지금의 대관령이라는 이름은 고개를 크게〔大〕 관통(貫通)하여 직선화한 것이니 '대관령(大貫嶺)' 이라 하거나, 산과 계곡을 꿰뚫었으니 '대관령(大串嶺)' 으로 써야 하리라.

옛 지지(地誌)에 이르기를 "산허리에 옆으로 뻗은 길이 아흔아홉 굽이인데, 서쪽으로 서울과 통하는 큰 길이 있다"고 하였고, 대령(大嶺) 또는 대관산(大關山)이라 하였으며 강릉도호부의 진산(鎭山)이라는 기록도 보인다.

이곳이 옛날 관방(關防)을 두고 목책을 설치하였던 곳이므로 '대관령' 이라 하였고, 이 고개를 중심으로 영동(嶺東)-영서(嶺西)니, 관동(關東)[1]-관서(關西)니 하고 불렀던 것이다.

그 대관령 아흔아홉 굽이가 옛말이 되어 질펀한 탄탄대로로 바뀌고, 비탈과 골짜기를 고가도로가 칼바람을 일으키며 달리는 모습은 경이롭기도 하고 두렵기도 하다. 그렇게 구름 속을 날아가듯이 달려서 어디로 가고자 하는 것일까. 신선처럼 하늘 세계로 우화등선(羽化登仙)하려는 것일까.

고개 근처에 사는 노인들은 '대관령' 을 지금도 '대굴령' 으로 부른다고 한다.[2] 고개가 하도 험하여 옛 사람들이 고개를 넘다가 대굴대굴 굴렀기 때문이라는 것이다. 하도 험한 고갯길이므로 겨울에 얼어 죽거나 산짐승에 해를 입기도 한 고개였으며, 그것은 호랑이에게 잡혀가서 대관령 여서낭신[3]으로 모셔진 정씨 처녀 설화에도 잘 나타나고 있다.

이 대관령에 제대로 된 고갯길을 처음 개척한 사람은 조선 중종 때 강원도 관찰사로 부임한 고형산(高荊山; 1453~1528)이었다고 한다. 그는 백성을 동원하지 않고 관의 힘만으로 몇 달 동안 애써 고갯길을 열었다고 한다. 그러나 병자호란 때 주문진에 상륙한 청나라 군대가 이 고개를 거쳐 바로 한양으로 진격할 수 있었다.

그러자 인조 임금이 크게 노하여 이미 죽은 고형산의 묘를 파고 부관참시(副棺斬屍) 하였다는 것이다. 이의 사실 여부에 대해선 논란이 있으나 조선 왕조가 이민족의 침략에 이용될 것이 두려워, 고개를 뚫고 다리를 놓는 등의 도로 건설을 기피한 정황은 여러 문헌에 나타나고 있다.

가령 숙종 때 평안도 관찰사가 왕에게 서로(西路: 서울-의주)와 후주의 진을 연결하는 도로를 내겠다고 상소하였는데, 임금이 답하기를 "그대는 치도(治道)가 병가지대기(兵家之大忌)라는 것을 모르는가" 하고 허용하지 않았던 기록이 있다.[4]

어쨌든 이제 대관령은 한눈팔지 말고, 머무르지 말고, 정해진 속도에 맞게 빨리 달려야 하는 길, 바로 그 대관령(大關嶺→ 大貫嶺→ 大

串嶺) 탄탄대로가 된 것이다.

인간의 생활은 길을 통해서 이루어진다. 역사도 마찬가지다. 이곳에 처음 대관령 고갯길을 개척하여 사람들의 불편을 덜어주고자 했던 고형산은 분명 도로 분야에서 기념할 만한 인물임에 틀림없다. 한국도로공사에서는 고형산에 관한 자료를 모아서 대관령 고개 부근에 자료관을 세우고 그의 선구적 업적을 기리면 어떨까.

---

1) 관동(關東)이라는 이름에 대하여 이곡은 대관령이 아닌 철령관(鐵嶺關)을 중심으로 그 동쪽의 강릉 일대를 말한다고 적고 있다. 따라서 철령을 중심으로 서쪽(평안도)은 관서(關西), 북쪽의 함경도는 관북(關北)이라 하였다는 것이다(《신증 동국여지승람》, 회양도호부 참조).

2) 김하돈, 《마음도 쉬어 가는 고개를 찾아서》, 실천문학사, 2001, 89쪽.

3) 강릉 지방에서는 대관령 서낭신(남)으로 범일국사를 모시며, 대관령 산신으로는 김유신 장군을 모시고 있다.

4) 김의원, 《국토이력서》, 북스파워, 1997, 73쪽.

4

땅이름에서 배우는 선견지명

- ㅁ 남양주시 운길산, 시우리와 수종사
- ㅁ 예천군 주등개산과 말 무덤
- ㅁ 화천군 복주산과 벌떡약수
- ㅁ 무주군 덕유산과 향적봉
- ㅁ 괴산군 말세우물과 과천시 찬우물
- ㅁ 청송군 주왕산 기암과 대전사
- ㅁ 남설악 오색약수와 주전골
- ㅁ 과천시 관악산, 서울대학교와 과천 정부청사
- ㅁ 대전시 남월동과 곤룡골(골령골)
- ㅁ 청계산 혈읍재와 충혼비

남양주시 운길산, 시우리와 수종사

한강변, 구름과 비와 강물로 표현된 기막힌 지명(地名)

雲吉山 時雨里 水鐘寺

비오지 않는 '밀운불우(密雲不雨)', 단비의 '한천작우(旱天作雨)'

궁실이 너무 찬란합니까?

궁녀가 너무 많습니까?

죄 없는 사람을 벌 준 일이 있습니까?

나라의 정사에 절도가 없습니까?

주 문왕은 나라에 가뭄이 들자 산에 올라가 기우제를 지내면서 이렇게 하늘에 물었다. 농경민족에게 비는 국가 존망의 기본이었다. 비가 오지 않는 것은 나라를 다스리는 국왕이나 고을 목민관의 부덕의 소치라고 생각하였고, 그래서 산에 올라가 꿇어 엎드려 빌면서 기우제를 지냈던 것이다.

우리 단군 역사를 보아도 환웅(桓雄)께서 처음 인간 세상에 내려올 때 바람을 다스리는 풍백(風伯)과 함께 비를 다스리는 우사(雨師), 구름을 다스리는 운사(雲師), 곧 천부인(天符印) 세 개를 가지고 내려와 360여 가지의 일들을 주재하게 하였으니, 바로 원시 농경사회를 다스리는 일을 말한다. 여기서 천부인이란 바람과 구름과 비를 다스리는 세 신을 부리고 거느릴 수 있는 신표를 뜻한다.

2006년 말 당시 이명박 서울 시장이 화두로 제시한 '한천작우'

2006년을 마무리하는 12월에 《교수신문》은 그해를 정리하는 사자성어로서 '밀운불우(密雲不雨)'라는 말을 선정하였다. 그것은 "구름은 짙으나 비가 오지 않는다"는 뜻으로서 노무현 정부의 각종 시책이나 대통령의 리더십 위기가 사회적 갈등을 증폭시키고, 국민 불안만 누적시켰다는 것이다.[1] 한 마디로 기대(구름)에 미치지 못할 만큼 되는 일(비)이 없었다는 뜻이다.

그런데 그때 이명박 전 서울시장 또한 2007년 새해의 화두로 '한천작우(旱天作雨)'라는 사자성어를 제시하였다.[2] 《맹자》에 나오는 말인데, "어지러운 세상이 계속되고 백성이 도탄에 빠지면 하늘이 백성의 뜻을 살펴 비를 내린다"는 뜻으로 설명하였다.

도가나 불가에서 구름은 머무름이 없는 존재, 세상사에 얽매이지 않는 초월적 존재요, 무심무아(無心無我)의 경지를 뜻하지만,[3] 우리 속담 가운데 "어느 구름에 비 올지 모른다"는 말처럼 구름이 있어야

비가 오는 것이니, 하늘만 쳐다보고 사는 농민들에게는 구름과 비는 서로 나눌 수 없는 반가운 존재였을 것이다.

이 구름을 이야기할 때 빼놓을 수 없는 것이 바로 '운우(雲雨)' 또는 '운우지정(雲雨之情)' 이라는 말이다. 운우지정은 달리 표현하면 '무산지몽(巫山之夢)' 이라고도 하며, 남녀 사이의 결합을 의미한다.

구름과 비, 남녀의 결합－생산과 번영의 상징

중국 전국시대에 초나라 회왕(懷王)이 운몽(雲夢)을 여행하다가 고당에서 낮잠을 잤는데, 꿈에 무산의 신녀가 나타나서 사랑을 고백함으로 함께 지내다가 동침하였다. 그 뒤 회왕이 죽고 그 아들 양왕(襄王)이 다시 이곳을 지나게 되었는데, 그도 밤에 똑같이 무산신녀를 만나는 꿈을 꾸고, 꿈속에서 그녀와 즐겼다. 신녀가 떠나면서 양왕에게 말하기를 자기는 무산 남쪽 높은 언덕에 살며, 아침에는 구름이 되고, 저녁에는 비가 된다고 하였다. 이에 그 여신의 사당을 세우고 이름을 조운(朝雲)이라 하여 그 영을 위로하였다고 한다.[4)]

무산신녀는 태양신 염제의 딸 요희(瑤姬)라고 하며, 여기서 운우(雲雨), 곧 구름과 비는 남녀 관계로 은유되고, 나아가 농경사회에서 생산과 번식을 암시하는 것이다. 그런데 중동 지방의 고대 신화에 나오는 바알과 아세라는 남성신과 여성신으로서 부부인 농경신인데, 이들이 서로 화목하면 비가 내린다고 전해지고 있어서 동양적인 '운우지정' 과 서로 통하고 있다.

용에게 비를 기원하는 문자와 비의 신(중국 민화)

> 구름을 사랑하여 그의 덕을 배워가면,
>
> 첫째로 만물에 혜택을 줄 수 있고,
>
> 그 다음으로 마음을 가볍게 하여 구름의 백(白)을 지키며,
>
> 구름의 상(常)에 처하여 무아의 경지에 이르게 되니,
>
> 구름이 나를 닮았는지, 내가 구름을 닮았는지 모르게 될 것이다.
>
> (원문 생략)
>
> — 이규보, <백운거사 어록>

흰 구름을 사랑한 인물로 내가 기억하고 있는 두 인물은 헤르만 헤세와 고려의 이규보(李奎報)이다. 특히 이규보는 평생 구름을 꿈

찍이 사랑하였기에 호를 백운산인(白雲山人) 또는 백운거사라 하였던 고려의 대 문장가이다.

그런데 구름을 인생의 반려자나 풍류의 소재로 사랑하지 않더라도 앞으로 세계 여러 나라 사이에는 구름 쟁탈을 위한 다툼이 빈번할 것으로 보인다. 이미 2004년에 중국의 길림성과 요령성은 가뭄이 들어 물이 귀하게 되자 인공 강우를 위한 구름씨뿌리기 계획을 만들어 서로 협의하였다고 한다. 구름 때문에 자칫 분란이 일어날 소지를 미리 제거하기 위해서였다.

또 중국 하남성에서도 구름씨를 뿌려서 인공 강우에 성공한 예가 있는데, 이때 구름을 빼앗긴 이웃 고을에서 반발하자 "수증기 자원인 구름은 강물처럼 상류에서 가로채는 것도 아니요, 또 어느 한쪽이 더 먹으면 다른 사람 몫이 줄어드는 케이크와는 다르다"[5]고 반박하였단다.

운길산 구름〔雲〕→시우리 비〔雨〕→수종사 강물〔水〕의 인연

필자가 구름과 비에 대하여 이처럼 여러 이야기를 끌어들인 것은 경기도 남양주시의 북한강 서안(西岸)에 있는 운길산(雲吉山)과 이 산 북쪽 마을인 시우리(時雨里), 그리고 운길산에 있는 수종사를 이야기하기 위해서이다.

구름과 비와 물을 뜻하는 이름들이 이처럼 사이좋게 붙여져서 그

수종사에서 내려다본 한강 원경

야말로 '운우(雲雨)' 의 정을 느끼게 하는 곳이다. 더구나 운길산의 구름은 글자 그대로 길(吉)한 구름, 비를 내릴 구름이요, 시우리의 '시우(時雨)' 는 때맞춰 내리는 비이기 때문이다.

높이 610.2미터의 운길산은 한북 정맥(전 광주 산맥)의 한 지맥에 딸린 산으로서, 이곳에 오르면 천리 길을 달려온 남한강과 북한강 물이 몸을 섞는 그 장엄한 풍경, 두물머리(양수리)를 조망하기 좋다. 운길산 정상 안내판에는 '구름이 가다가 이 산에서 멈추므로 운길산이라 부른다' 고 하였는데,[6] 구름이 멈추어 비가 내리니 그래서 '시우리' 가 된 것일까.

'시우(時雨)' 라는 마을 이름은 《수호지》에 나오는 108호걸의 두

목 급시우(及時雨) 송강(宋江)을 떠올리면 된다. 그의 인정 많고 자상한 지도자상처럼 '시우'란 농사철에 알맞게 내리는 좋은 비, 고마운 비를 말함이니, 운길산의 좋은 구름〔운(雲)〕이 시우리의 비〔우(雨)〕가 되고, 수종사(水鐘寺)의 물〔수(水)〕이 되어 한강으로 흘러들어서 서울 시민을 먹여 살리고 있는 것이다.

원래 비가 많이 와서 강물이 넘치고 홍수가 나는 것을 '시위난다'고 하였다. 이곳 시우리 또한 산이 높고 골이 깊어서 시위가 잘 났던 곳이므로 시우골·시우동이라 하였는데,[6] 이를 '시우(時雨)'로 표기함으로써 '알맞게 때맞춰 내리는 비'로 바꾸어버린 옛 사람들의 지혜가 빛난다.

한강 물을 내려다보면서 수종사(水鐘寺)의 종소리는 강물 위로 널리 퍼져 나간다. 운길산과 시우리와 수종사라는 세 이름이 한강을 통하여 참으로 절묘한 조화를 이루고 있는 것이다.[7]

조선조의 서거정·정약용·초의선사 등이 이 절에 올라 차를 마시며 한강을 바라보던 곳이니, 이곳에서 한강을 바라보는 뛰어난 풍경은 더 말할 필요도 없으리라. 그래서 수종사의 '묵언다실(默言茶室)'이라는 이름은 세속의 경망스러운 입으로 이 수려한 경관을 함부로 평하지 말라는 뜻일 것이다.

그리고 또 있다. 바로 수종사의 '불이문(不二門)'이다. 절에 가면 흔히 볼 수 있는 이름이지만, 수종사의 불이문은 운길산의 구름, 시우리의 비, 수종사의 강물이 둘이 아닌 하나라고 설파하고 있는 것 같다. 어찌 강물뿐이랴. 우리 인생은 뜬구름 같은 것이요, 우리의 살아가는 세월은 강물에 비유되고, 우리의 내세는 곧 피안(저 쪽 강 건너)이니, 구름과 비와 강물, 내 인생의 삶과 죽음이 둘이 아닌 하나인 것을.

---

1) 《동아일보》, 2006. 12. 19일자.
2) 《조선일보》, 2006. 12. 25일자.
3) 구름을 비유함에 백운(白雲)은 세속을 초월한 탈속한 경지를 말함이요, 청운(青雲)은 세속의 입신출세를 나타내는데, 불국사 입구의 청운교와 백운교는 그것을 암시하는 이름이다.
4) 여기에 나오는 운몽(雲夢)이나 조운(朝雲)과 같은 이름은 모두 두 왕과 무산신녀의 이야기에서 비롯되어 후대에 붙여진 이름으로 보인다.
5) 《포커스 신문》, 2004. 8. 4일자 1면.
6) 한글학회, 《한국지명총람》 경기 편 1, 남양주시 조안면.
7) '수종사' 라는 절 이름에 대하여는 조선 세조 때 동굴 속에서 들려온 물방울이 내던 종소리의 이야기가 따로 전해지고 있다.

예천군 주등개산과 말 무덤

세계적으로 보기 드문 주등개산 말 무덤의 뛰어난 발상

말이 지닌 언령(言靈), 말이 씨가 되고 천지를 감동시킨다.

> 삼신지양 님네요, 아어마니 국 잘 자시고 밥 잘 자시고,
> 약을 써도 약 소음이 나고, 몸 어서 쉽게 풀리도록, 얼음
> 삭고 눈 삭듯이, 말에 가시 저(箸)로 집어 앗는 듯이 거두어
> 주시오. 옥등에 불 쓴 듯이, 이 가중(家中)에 불로 밝히고
> 물로 맑혀서, 이 가중에 웃음꽃이 피도록 해주시오.[1)]

이것은 부산 구포에서 채록된 석무녀(石巫女)의 삼신에게 올리는 말인데, 고운 말로써 화목한 가정이 되게 해달라고 삼신께 기원하는 내용이다.

옛 사람들은 말에 언령(言靈), 곧 어떤 신비스러운 힘이나 주력(呪力)이 있다고 믿었다. 언중(言衆)이 같은 말을 계속 사용하다 보면 하늘을 움직일 만한 큰 힘을 발휘할 수 있으며, 일상적으로 늘 쓰고 있는 말도 말이 되풀이 사용됨으로써 그 음성 언어에 창조력이 있다

고 믿었다.

고구려 시조 주몽이 동부여에서 망명할 때 개사수라는 강에 이르렀는데, 물을 건널 수 없었다. 그는 채찍으로 하늘을 가리키면서 "나는 하느님의 손자요, 하백(河伯)의 외손자이다. 난을 피하여 이곳에 이르렀으니 황천후토(皇天后土)는 나를 어여삐 여겨 속히 다리나 배를 내리소서" 하고 활로 물을 치자 물고기와 자라가 다리를 놓아 주어 무사히 물을 건넜다.[2] 말에 신령한 힘이 있으므로 이를 하늘에 고하여 난관을 극복한 경우라고 할 수 있다.

신라 성덕왕 때 순정공의 부인 수로가 동해의 용에게 납치되었다. 어떤 노인이 나타나서 말하기를 "뭇 사람의 말은 쇠도 녹인다고 했습니다. 바닷속 방생(傍生)이 어찌 뭇 사람의 입을 두려워하지 않겠습니까?" 하였다. 그 노인의 말에 따라 여러 사람이 바닷가에서 지팡이를 두드리며 "거북아, 거북아 수로를 내놓아라." 하고 일제히 소리 질러 불렀더니, 용이 마침내 부인을 보내주었다.[3] 이 경우는 뭇 사람이 입을 모아 하는 말이 천지자연을 감응시킬 수 있음을 보여주는 것이다.

이처럼 말에는 영적인 힘이 있다고 믿었으므로 설날에는 서로의 복을 빌어주고, 덕담을 주고받았는데, 이것은 말로 표현된 것은 그대로 이루어진다고 믿는 '언령관념(言靈觀念)' 이 그 바탕을 이루고 있다. 오늘날에도 "말이 씨가 된다"는 인식이 여전히 통하는 것처럼, 옛 사람들은 단정하고 묵직하여 망령되이 허튼 말을 하지 않는 것을 구덕(口德)이라 하였고, 남을 비방하고 말이 많은 것을 구적(口

주둥개산 말 무덤

賊)이라며 경계하였다.

불교에서는 모든 화가 입에서 나온다고 보았으며, 일체 중생의 불행한 운명은 그 입에서 생기므로 입은 몸을 치는 도끼이고, 몸을 찌르는 칼날이라고 《제법집요경(諸法集要經)》에서 설파하였다.

주둥이, 또는 주둥아리는 '입(口)'을 속되게 이르거나 동물의 입을 말한다.

이 주둥이의 경상북도 내륙 지방 방언에 '주둥개'가 있다. 경상북도 예천군 지보면 대죽리 동짝마(동쪽마을)에 주둥개산이 있고, 이 산에 말 무덤이라고 부르는 큰 무덤이 있다. 주둥개산은 원래 산 모양이 개의 주둥이처럼 생겼기 때문에 생긴 이름이라고 하며, 916

번 지방도로변에 인접한 야산인데, 이곳에 말 무덤, 곧 언총(言塚)이 있다.[4)]

주둥개산의 말 무덤으로 말 많은 이 세상, 입 조심 말 조심

그런데 이곳 주둥개산에 말 무덤을 만들게 된 사연이 특이하다. 이 마을이 점점 커지면서 사람들 사이에 입씨름, 말싸움이 자주 일어나서 마을이 시끄러울 때가 많았다. 그러자 마을 사람들은 주둥개산의 주둥이를 막아야 말싸움이 없어질 것이라 여겨 이 산에 말〔言〕무덤을 만들었는데, 그 뒤부터 말싸움이 없어지고, 마을이 평화롭게 되었다고 한다.[5)]

예천군 지보면의 말 무덤은 전 세계적으로도 하나밖에 없는 희귀한 무덤이 될 터인데, 개의 주둥이를 뜻하는 '주둥개산' 위에 '말 무덤' 을 세워 그 입을 봉함으로써 말 때문에 주민들 사이에 일어난 갈등을 해소하였다는 것은, 오늘날과 같이 말 많고 험악한 세상을 살아가는 데 시사하는 바가 크다. 이것은 말무덤이 지닌 어떤 주술적 의미보다도, 말 무덤이 마을 주민들에게 상징적 존재로 자리 잡아서 주민 서로가 입조심(주둥개산), 말조심(말 무덤)을 해야 마을이 평안해진다는 공통된 인식을 불러왔을 것이다.

대꾸하는 말이나 아첨스러운 말을 하지 마라. 바깥 말을 문안에 들이지 말고, 집안 이야기가 밖에 나가지 않도록 하며, 말을 잘 골라서 하되, 궂은 말을 삼가서 다른 사람에게 싫은 감정을 주지 마라. 옛말에 신부가

> 시가에 가서 눈 멀어 3년이요, 귀 먹어 3년이요, 말 안 하여 3년이라 하니……말 안 한다는 말은 불길한 말을 하지 말라는 뜻이니, 말을 삼감이 으뜸의 행실이니라.

이것은 조선조 인수대비가 쓴 《내훈(內訓)》에 나오는 말로서 부녀자들의 규잠(規箴)이 될 만한 말을 간추려 엮은 것이다. "말 많은 집은 장맛도 쓰다"는 옛말이 있다. 입(주둥이)은 마음의 출구요, 기분의 창구이며, 그 대변자라고 한다. 입으로 나오는 말이 그 사람의 성격과 운명을 결정하기도 한다. 그러기에 '남아일언중천금(男兒一言重千金)'이라는 옛 말도 있지 않는가.

주둥개산(입)과 말 무덤〔言塚〕

무덤은 육체적, 세속적 소멸을 뜻한다. 무덤을 만들어 사람의 입으로 나오는 속된 말을 묻어버린 대죽리 마을 사람들의 지혜에 경탄하지 않을 수 없다. 셰익스피어의 작품을 봐도 무덤은 모든 것을 가두고, 소멸시키고, 삼키는 역할로 묘사되고 있다. 무덤을 통해 불길한 언어, 비방하고 헐뜯는 언어, 시비하는 언어를 묻어버림으로써 마을의 평안과 화목을 되찾은 것이다.

세상은 갈수록 말이 많아지고 있다. 사람들 사이에 말이 많아지면, 진실은 어둠 속으로 숨는다. 예천군이나 지보면에서는 세계적으로 보기 드문 이 주둥개산과 말 무덤을 잘 정화하고 공원으로 가꾸어서 신성한 장소로 조성할 필요가 있다고 본다. 그리고 이런 종류의 시비(詩碑)와 여러 가지 의미 있는 조형물을 세우면 어떨까.

> 말하기 좋다하고 남의 말을 말 것이
>
> 남의 말 내 하면 남도 내 말 하는 것이
>
> 말로써 말이 많으니, 말 모름이 좋아라.
>
> — 무명씨

---

1) 손진태, 〈조선신가유편〉, 《한국문화상징사전 2, 말》

2) 이규보, 《동국이상국집》 동명왕 편.

3) 일연, 《삼국유사》 권2, 기이2 수로부인. 이때 부른 노래가 '해가사(海歌詞)' 이며, 마찬가지로 김수로왕의 〈구지가(龜旨歌)〉도 같은 맥락에서 이해된다.

4) 권기모, 《정겨운 예천산하》, 예당, 1999, 147쪽.

5) 지춘락(택시기사, 예천읍 대신리 거주, 011-522-8220)

화천군 복주산과 벌떡약수

복을 주는 복주산이요, 남성 치료제인 벌떡약수

福柱山

산 높고 골 깊은 강원도는 특히 약수터 많아

바리공주는 병으로 위독한 부모님을 위해 서천 서역국으로 생명의 약수를 구하러 간다. 그리고 천신만고 끝에 그 물을 가져와 이미 죽어버린 부모를 살려낸다. 우리 민간 설화에 전해지는 유명한 이야기다.

또 각지의 노적봉 전설에 나오는 물할미는 백성들에게 펑펑 솟아나는 물을 대주고, 외적을 몰아냄으로써 그 지방의 수호신으로 모셔지기도 한다. 여기서 물은 생명의 근원이며 재생을 상징한다.

본래 물에는 정화력(淨化力)과 치병력(治病力)이 있어서 부정이나 객귀를 쫓아내고 사람의 병을 고친다든지, 천지조화력이 있는 것으로 보았다. 천지신명에게 정갈한 물을 떠 올리고 기원 드리는 정화수적인 관념이 우물 숭배, 약수 신앙 등으로 나타나고 있는 것이다.

물을 신성시하는 사상은 국가의 행사에서도 보이고 있는데, 가령 신라에서는 사독(四瀆)이라 하여 나라 안의 4대 강을 위해 제사를 지냈고, 고려의 팔관제나 조선시대의 산천단(山川壇) 제사도 산과 물을 함께 모신 자연숭배 신앙의 하나였다. 이때 물을 신격화한 이름으로서 수신(水神)은 현명(玄冥)이요, 강의 신은 하백(河伯)이며, 바다의 신은 해약(海若)이라 불렀다.

산이 높고 골이 깊으면 물이 맑은 법이요, 이처럼 산수가 뛰어난 곳에는 약수도 많게 마련이다. 바로 강원도 산간에 이름난 약수가 많은 이유이다. 필자가 다녀본 곳만 해도 방아다리 약수, 오색 약수, 간헐천인 때때수, 불바라기 약수, 후곡 약수, 필례 약수 같은 이름 있는 약수터도 꽤 많으니, 널리 알려지지 않은 약수까지 포함하면 다 헤아릴 수 없을 것이다.

강원도 화천군 상서면 다목리의 복주산과 복계산 사이에 있는 벌떡 약수(복주산 약수)[1]도 그런 약수의 하나이다. 이 약수는 2006년부터 널리 알려지기 시작했는데, 해발 1,054미터의 복주산(福柱山)과 또 다른 복주산(伏主山)[2] 사이에 있으며, 하천 수계로는 '복주산(福柱山) 약수'가 되고, 위치상(거리)으로는 복주산(伏主山) 약수라 불러야 할 것이다.

이 약수를 벌떡 약수라고 부르게 된 것은 조선 시대에 걸을 수 없는 장애인들을 이 약수터에 데려다두었는데, 그들이 이곳에서 오랫동안 물을 마시고 난 뒤 벌떡 일어나 걸었으므로 '벌떡 약수'라 부르게 되었다고 한다.[3]

'남성 발기부전 치료 효험' 입소문에 발길 이어져

그 뒤 이곳에는 만신(무당)이 상주하면서 굿을 하기도 했는데, 근

벌떡 약수

래에 '벌떡 약수'로 널리 알려지게 된 것은 또 다른 이유 때문이란다. 이 약수터에서 20미터쯤 떨어진 옆 능선 위에 높이 4~5미터 되는 잘 생긴(?) 남근 바위가 마치 이 약수터의 수호신처럼 서 있으므로 이 바위 때문에 '벌떡'이라는 이름이 더 잘 통하게 되었다는 것이다.

'벌떡'이란 갑자기 급하게 일어나는 모양을 말하는데, 바위의 생긴 모양이 마치 발기된 남근 형태와 비슷하기 때문이다. 신통한 것은 이 약수의 효능이다. 이 약수는 당뇨병 치료에 효과가 있을 뿐 아니라, 남성 발기부전 치료의 효험이 널리 알려지면서 '벌떡'이라는 이름이 제몫을 톡톡히 하고 있다는 것이다.

복주산 남성 바위

그래서 이곳 약수를 찾는 사람도 갈수록 늘어나서 필자가 찾아갔을 때에는 겨울철 2월 하순인데도 하루 평균 1백여 명이 물을 받아간다고 하였으며, 공휴일에는 2~3백 명씩 다녀가고, 심할 때는 물을 받기 위하여 한참씩 줄을 서서 기다려야 된다고 한다. 또 서울, 마산, 고성 등지로 택배를 이용하여 이 물을 부쳐주기도 한단다.

이곳을 찾아가려면 서울 동부터미널에서 다목리행 시외버스를 타고 다목리에서 내려야 한다. 다목리 군부대 정문에서 왼쪽 감성마을 길로 20분쯤 비포장도로를 올라가면 '벌떡 약수 휴게소'(가건물)가 나온다.(여기까지는 승용차 진입이 가능하다.) 이곳에서 비포장도로를 따라 올라가면 하천 건너편에 소설가 이외수 씨 집필실(새로 지은 집)이 나오며, 계속 그 길을 따라 올라가다가 약수터 안내판에서 오른쪽 산길로 700미터쯤 올라가야 한다.

이곳 상서면 다목리 일대는, 조선 시대에 나라에서 목재를 쓰려고 백성들이 나무를 베지 못하도록 금하였던 곳(황장목 금양)이다. 그러므로 나무가 무성하여 마을 이름도 '다목리(多木里)' 라 부르게 된 것이다.

그런데 신통한 것은 '복주산' 이라는 이름이다. 이 약수 덕분에 "복을 주는 산", 또는 "복을 주는 기둥〔柱〕" 으로도 풀이할 수 있게 되었는데, 그것은 약수터 옆의 우람한 남근바위를 떠올리게 하기 때문이다.

물은 생명과 재생을 상징한다. 이곳 복주산 벌떡 약수는 병을 치료하고 또 중년 이후의 남성들에게 젊음을 되찾아주는 청춘의 약수로 알려지고 있으니, 이름 그대로 '복을 주는 산' 이요, 그래서 '벌떡 약수' 가 아니겠는가.

---

1) 원래 복주산 약수라고 불렀는데, 지금은 '벌떡 약수' 로 더 잘 통하고 있다.

2) 복주산(伏主山)은 해발 1,152미터이며, 옛날 대홍수 때 이 산꼭대기가 복지개(주발; 방언으로 복계)만큼 남았기 때문이라고 하며, 복계산 또는 복주산이라고 부른다.

3) 벌떡 약수 관리인 강홍록 노인(033-441-7155) 증언.

무주군 덕유산과 향적봉

세계태권도공원과 기업도시 유치는 덕유산의 은총

茂朱郡 德裕山 香積峰

1천5백여 미터까지 곤돌라 타고 오르는 덕유산

덕유산 상상봉인 향적봉 턱 밑까지

무주리조트 곤돌라를 타고 오릅니다.

철근 동앗줄에 조롱조롱 매달린

조롱박 속에서

박씨처럼 기대 앉은 배낭이

철커덕 철커덕

옆구리를 치면서 묻습니다.

이렇게 올라도 되는 겁니까? 산을?

— 이향지, <이렇게 올라도>

덕유산을 무주리조트에서 곤돌라를 타고 오르다보면 향적봉까지 걸어서 올라온 등산객들 보기가 민망하다. 땀 한 방울 흘리지 않고 정상을 밟다 보니 마치 끼어들기 하려는 자동차처럼 멋쩍다. 높이

덕유산 정상인 향적봉

1,614미터의 덕유산 등반을 1,500여 미터쯤 곤돌라로 오르게 되는데, 요즈음은 산악인보다 관광객들이 향적봉 정상을 점령하다시피 하고 있다.

그래서 나무가 꺾이고 희귀식물이 뽑혀나가며 주목들이 몸살을 앓는 등, 향적봉 정상의 신령스러움도 예전 같지 않다. 역시 제 발로 땀 흘리며 산을 올라야 대자연에 대한 외경심(畏敬心)이나 애착도 한결 더 각별해질 터이니 "이렇게 올라도 되는 겁니까? 산을?" 하고 시인은 묻고 있는 것이다.

향적봉에 서면 이 거대한 백두대간의 능선이 한반도 남부의 중심부에 묵직하게 자리 잡고서 만봉군단을 파노라마처럼 펼치고 있어서 저절로 '나무국토대자연' [1]을 읊조리게 된다.

남한에서 한라산, 지리산, 설악산에 이어 네 번째로 높은 덕유산은 무풍의 삼봉산에서 시작하여 수령봉 · 대봉 · 지봉 · 거봉 · 덕유평전 · 중봉 · 향적봉으로 솟구쳤다가, 무룡산 · 삿갓봉 · 남덕유산에 이르기까지 장장 일백 리에 이르는 큰 산줄기를 이루며, 이 산맥이 낙동강과 금강을 나누는 분수령이 된다.

> 덕유산은 무주에 있다. 가장 높은 봉우리를 황봉, 불영봉, 향적봉(香積峰)이라고 일컫는데, 향적봉이 더욱 높다. 산으로 들어가서 계곡을 건너는 것이 세 개인데, 향적암(香積菴)이 있고, 남쪽에는 석정징벽(石井澄碧)이 있으며, 서쪽에는 향림(香林)이 있다. …… 봉우리 정상의 바위에는 단(壇)의 모양이 있고, 또 철마(鐵馬)와 철우(鐵牛)가 있으며, 동쪽에는 지봉(池峰)이 있고 …… (원문 생략)

이것은 조선조 성해응이 쓴 《동국명산기(東國名山記)》에 나오는 글이다.

이보다 앞서서 조선 중기의 학자 미수(眉叟) 허목(許穆)도 《덕유산기》에서 "남쪽 지방의 명산에서 절정을 이루는 것은 덕유산이 가장 기이하다(南方名山絶頂 德裕最奇)"고 찬탄한 바 있다.

임진왜란 때 백성들을 지켜주고 덕을 배푼 십승지

덕유산은 이름 그대로 '덕이 넉넉한 산'이다. 그 산자락 양지 바

무주 군청

른 곳 어딘가에 밭 갈고 씨 뿌리며 살고 싶은 덕스러운 산, 만물을 살리고 기르며 덕을 베푸는 산, 덕유산은 그런 산이다.

임진왜란 당시 많은 백성들이 왜적을 피하여 이 산으로 들어왔다. 그런데 왜적들이 이곳을 지나갈 때마다 짙은 안개가 끼어서 산 속에 숨은 사람들이 무사할 수 있었다. 그래서 예로부터 전란의 재앙이 미치지 않는 '십승지지(十勝之地)' 의 하나로 꼽았던 것이다. '덕유산(德裕山)' 이라는 이름은, 고려 말 이성계가 이 산에서 수도할 때 우글거리는 맹수들이 해를 입히지 않아서 '덕이 많은 산' 이라는 뜻으로 붙인 이름이라 한다.

그런데 '덕' 은 본래 '크다' 는 뜻의 만주어에서 비롯된 말이다.

큰 벌판을 덕평(德坪), 큰 고개를 덕재라 부르고, 작은 고개를 아현(阿峴; 앗재)이라 부르듯이, '덕'은 고부왈덕(高阜曰德)[2)]이라 하여 흙이 높게 쌓인 곳을 말한다. 마루턱의 '턱'이나 언덕의 '덕'도 같은 말뿌리이다.

최고봉인 향적봉(香積峰)은 향적목(香積木), 곧 주목(朱木)이 무성하여 숲을 이루기 때문에 생긴 이름이다. '살아 천 년, 죽어 천 년'으로 알려진 주목은 천연기념물로 지정되어 있으며, 덕유산에는 300년이 넘은 주목이 7,488본이나 보호되고 있다고 한다.

이태조가 등극한 뒤 전국의 명산에 산제를 올리게 하였는데, 그때 덕유산 산제 올린 자리에 동비(銅碑)를 묻었으며, 그래서 동비날 또는 동비현(銅碑峴)이라는 이름을 얻었다. 또 그때 산제를 올리기 위하여 머물렀던 자리를 제자동(帝子洞), 밥짓던 곳을 취찬동(炊餐洞, 밥진골), 제사 올린 곳을 유점등(踰店嶝)이라 한다. 향적봉 대피소 바로 아래에서 나오는 산상옥수는 이태조가 왕으로 등극한 뒤 '왕생수(王生水)'라 불렀고, 왕생수가 솟아난 곳에 향적암이라는 절이 있었다고 한다.[3)]

"산은 자연의 신전(神殿)이요, 성채(城砦)"라고 말하는 사람이 있다.[4)] 산은 정결하고 고요한 곳이요, 하늘과 가장 가까운 곳이며, 하늘을 향해 기도하는 곳이다. 산은 흔들리지 않으며, 인간의 얄팍한 지혜에 내둘리지 않는다. 노자는 그의 《도덕경》 제38장에서 "상덕은 덕이라 하지 않는지라 덕이 있다(上德不德 是以有德)"고 하였다. 덕유산은 스스로 덕스러움을 논하지 않으니 곧 '상덕(上德) 무위이

(無爲而) 무이위(無以爲)' 인 것이다.

세계태권도공원과 기업도시 유치는 '대덕유' 의 은총

무주 지방은 삼국시대에 백제에 딸린 적천현(赤川縣)과 신라 땅인 무산현(茂山縣)으로 나뉘어 있었던 접경지대이다. 그러다가 적천현이 주계현(朱溪縣)으로, 무산현이 무풍현(茂豊縣)으로 되었는데, 1391년 고려 공양왕 때 무풍현과 주계현을 합하고, 두 고을의 머리 글자를 따서 지금의 '무주(茂朱)' 라는 이름이 되었다.

그런데 신통한 것은 무주라는 이름은 '주목(朱木)이 무성(茂盛)하다' 는 뜻이 되므로 덕유산 향적봉의 무성한 주목과 맞아떨어지고 있는 것이다. 향을 풍기는 주목은 옛날 마패(馬牌)를 만들었을 정도로 귀하게 쓰인 나무이며, 그 주목이 무성한 무주-덕유산-향적봉이 서로 인연 있는 땅 이름이 된 것이다.

향은 신을 모시고, 신을 부르고, 신에게 소원을 비는 정화(淨化)와 신성(神聖)의 상징물. 그 향이 쌓인 덕유산 향적봉은 분명 거대한 자연의 신전임에 틀림없다.

그리고 그 향을 뿜어내는 주목이 무성하여 무주(茂朱)가 되었기에 무주는 이제 축복받는 땅이 되었다. 지난날 우리나라 심심산골의 대명사로 '삼수갑산(三水甲山)' 과 '무주 구천동' 을 들었는데, 이제는 살기 좋은 낙원으로 바뀐 것이다. 무주군 설천면 소천리에 들어서는 '세계태권도공원' 이 그것이요, 정부에서 발표한 몇 안 되는 '기업도시' 의 하나로 지정되었기에 하는 말이다.

옛말에 "덕이 만물을 기르고 윤택하게 한다(德潤身)"고 하였고, 또 덕불고필유린(德不孤必有隣)이라 하였으니, "덕은 외롭지 아니하고, 반드시 이웃이 있다"는 말에 수긍이 간다. 그 모든 것이 '대덕유(大德裕)'의 은총인 것이다.

그러나 전라북도와 무주군 당국자들은 이것을 마냥 기뻐할 일만도 아니다. 그런 큰 사업을 시행하려면 길이 넓혀지고, 터널이 뚫리고, 호텔과 식당과 콘도와 각종 업소들이 들어설 터이니 또 얼마나 많은 덕유산의 피부가 찢기고, 피 흘리며 상처를 입을 것인지 참으로 염려스럽기 때문이다.

이제 다른 지방을 의식하여 무주군은 표정 관리를 해야 할 때이며, 수려한 덕유산을 어떻게 가꾸고 관리해 나갈 것인지, 보존과 개발의 조화에 대해 심사숙고해야 할 때이다.

---

1) '나무국토대자연'은 노산 이은상 선생의 국토기행문에 나오는 말로서 국토의 성스러움을 예찬한 말이다.

2) 홍양호, 《북새기략》

3) 무주 향토연구소장 유제두.

4) 김장호, 《한국명산기》 덕유산, 평화출판사, 1993.

괴산군 말세우물과 과천시 찬우물

모든 물을 한 그릇의 정화수처럼

바보야. 석유가 아니라 물 부족이 문제야.

양자강의 발원지를 '남상(濫觴)'이라 한다. '남상-술잔에 넘친다'는 뜻이다. 대륙을 적시며 도도하게 흐르는 양자강도 그 강물의 근원을 거슬러 올라가면 술잔에 넘칠 정도의 물에 지나지 않으므로, 모든 사물의 시작과 출발점이란 뜻으로 사용되는 말이며 민산(岷山)에 있다고 한다.

옛 글에는 한강의 근원을 금강산, 오대산, 월악산이라 하였고, 그 가운데서도 특히 오대산 우통수(于筒水)를 꼽았다. 권근의 기문을 살펴보자.

> 서대 밑에 솟아나는 샘물이 있으니, 물 빛깔과 맛이 다른 물보다도 훌륭하고, 물을 삼감도 또한 그러하니 우통수라 한다. 서쪽으로 수백 리를 흘러 한강이 되고 바다에 들어간다. 한강은 비록 여러 곳에서 흐르는 물이 모인 것이나, 우통수가 복판 줄기가 되어 빛깔과 맛이 변하지 않는 것이 중국에 양자강이 있는 것과 같으니 '한강'이라는 명칭도 이 때문이다.

곧 우통수는 한강 발원 샘의 하나로서 양자강의 '민산'과 같다. 그래서 예전에 서울의 물장수들이 한강물을 길어다가 팔 때에도 한강의 가운데 물이냐, 강변의 물이냐에 따라서 물값이 달랐고, 강 가운데 물도 윗물이냐, 아랫물이냐를 가려서 썼는데, 바로 강 가운데로 흐르는 물이 우통수의 물이기 때문이었다고 한다.

우통수는 '우(웃; 上) 통(동그란 모양의 움) 수', 곧 '맨 위의 동그란 모양의 움에서 흐르는 샘물'로 풀이할 수 있지만, 필자가 몇 년 전 이곳을 방문했을 때, 우통수는 낙엽과 쓰레기에 덮인 채 그냥 버려진 물이었다. 최근에 정화되었다는 보도가 나와서 다행스럽게 여기고 있다.

유서 깊은 한강의 발원 샘이 이럴진대, 강 하류의 물이야 더 말해 무엇하랴. 이 나라 많은 강들이 오염이 심각한 상황으로서 그 강에 사는 물고기가 죽고, 그 물고기를 먹은 철새들이 죽고, 그 강물을 마신 인간이 병들어 간다면 강물에 담겨진 민족의 미래를 걱정하지 않을 수 없는 것이다.

그리하여 사람들은 생수다, 약수다 하면서 수돗물 마시기를 꺼리고 있다. 입적한 어느 고승이 "산은 산이요, 물은 물이다"고 갈파하였지만, 그 법어의 불가적 의미 이전에 생명체가 먹지 못하고, 살지 못하는 물은 물이 아니라는 생각을 해본다.

말세 증후군에는 여러 가지가 있다. 인간성의 파괴, 핵무기 확산, 에이즈와 같은 질병의 창궐 등……. 그 가운데서도 나는 물의 미래에 대하여 우리가 심각하게 고민해야 된다고 생각한다. 20세기를

'불의 시대', '에너지의 시대'라고 한다면 21세기는 '물의 시대'라고 말하고 있기 때문이다.

그만큼 미래에는 석유가 아니라 바로 물 문제가 인류의 1차적 생존 조건으로 떠오를 것이라고 본다.

지난 1972년 로마 클럽은 〈성장의 한계〉라는 제목의 보고서에서 인류가 맞닥뜨린 가장 중요한 문제는 석유보다도 먼저 '물 부족 문제'임을 지적하였고, 1992년에 나온 〈지구의 위기〉에서는 21세기에 있을 지구의 파멸을 경고하면서 이 세계가 성장의 속도를 늦추고 '존속 가능한 사회'로 즉시 이행하는 선택을 해야 한다고 주장한 바 있다.

샘이 세 번 넘치면 말세, 인류의 불안한 종말 예고하는 듯

그러나 오늘날 지구의 곳곳은 여전히 도시화 · 산업화 · 개발화에 몰두하고 있으며 무작정 앞을 향해 내달리고만 있을 뿐, 뒤에 남겨지고 있는 문명의 황폐화는 애써 외면하려 하고 있다.

그래서 필자는 충청북도 괴산군에 있는 '말세(末世)우물'과 경기도 과천시의 '찬우물'에 대하여 이야기해 보고자 한다.

충북 괴산군 증평읍 사곡리 사청마을에 있는 말세우물은, 조선 초기인 세조때 나라 안에 극심한 가뭄이 들었는데, 마침 이 마을을 지나가던 한 노승이 우물터를 잡아준 것이라고 전한다. 우물 자리를 잡아준 노승은 떠나면서 마을 사람들에게 말하기를 "이곳에서는 겨울에 따뜻하고 여름에는 차디찬 샘물이 솟아날 것이요, 장마 때나

가뭄 때나 우물이 항상 변함없을 것이나, 이 우물이 세 번 넘칠 날이 있으리니, 그때마다 큰 변란이 일어날 것이며, 특히 세 번째 물이 넘칠 때는 말세가 될 것"이라 하고는 총총히 떠났다고 한다.

그 뒤 이 우물은 임진왜란이 일어날 때 한 번 넘쳤고, 1950년 6월 25일에 또 한 번 넘쳤다고 하는데, 두 번 넘쳤으니 이제 단 한 번의 넘침이 남아 있을 뿐이다. 나는 이 '마지막 한 번'이 불안한 인류의 장래를 예언하는 것 같아서 한갓 전설 같은 이야기로만 돌려버릴 수 없다고 생각한다. 편리함만을 추구하는 인간의 끝없는 욕구, 이에 따른 문명의 횡포는 문명비평가들이 말하는 인류의 대재앙을 예고하고 있기 때문이다.

한편 과천시 갈현동에 있는 '찬우물'은 과천에서 인덕원으로 넘어가는 고개 못미처서 삼거리의 찬우물 마을에 있다. 이 우물은 조선 정조 임금이 부친 사도세자의 원행길에 과천을 지나다가 마신 샘물이라고 한다. 그 물맛이 차고 뛰어나 정조가 가자(加資; 조선시대 정삼품 통정대부 이상의 품계. 당상관이라고 함)를 제수하였으므로 이 우물을 가자우물, 또는 찬우물이라고 부르고 있다.

필자가 10여 년 전 이곳을 찾아갔을 때만 하여도 비교적 깨끗한 물이 솟아나오고 있었다. 그러나 근래에 다시 찾아가보았을 때에는 마을의 빨래터로 변해 있었으며 돌보는 사람도 없이 황폐해 지고 있어서 안타까웠다. 지금은 어떤 상태인지 알 수 없으나 과천시가 이 우물을 정화하고 관리를 철저히 해 주기를 바란다.

우리 선인들은 땅에서 솟아나는 샘물에 깊은 외경심을 지니고 있었다. 그래서 샘굿을 한다거나, 제사를 지내는 등 우물 자체를 신성시하였던 것이다. 세계의 모든 문명 발상지를 보더라도 샘이 없는 나라, 강이 없는 나라를 생각해 볼 수 없다.

옛날에는 강을 '가람' 이라 일컬었다. 곧 '갈' 에 '암' 이라는 접미어가 붙어 '가람' 이 되고, 여기서 파생된 말로서 '갈' 이 '골(골짜기)' 이 되고, '고을' 이 되었던 것이다. 한편 국가를 뜻하는 '나라' 라는 말도 고어는 '라라' 였으며 이것도 강의 '나루' 에서 비롯된 말로 보고 있으니, 강과 인간의 삶, 그 불가분의 관계를 설파하고 있는 셈이다.

오늘날 도처에서 병들어 죽어가고 있는 물의 신음 소리를 듣는다. 그것은 인류의 종말을 경고하는 소리이기도 하다. 지구는 태양계에서 유일한 물의 혹성이며, 지구 생태계의 기본이 곧 물이다. 인간은 그 거대한 지구 생태계의 한 부분일 뿐이며 주인이 아니다. 인간은 다른 생명체와 공존하는 지혜, 공생의 철학을 정립해 나가야 한다.

오늘 우리가 자연을 착취의 대상으로 보았을 때, 다음 세대에게 물려줄 것은 황폐해진 자연과 지구의 종말일 뿐이다. 참으로 모든 물은 '한 그릇의 정화수(井華水)' 라는 성스러운 인식이 필요한 때이다.

청송군 주왕산 기암과 대전사

산의 중앙이 '뫼 산(山)' 자 이루는 거대한 자전(字典)

周王山 旗巖 大典寺

1976년에 이미 국립공원으로 지정된 높이 720.6미터의 주왕산은 설악산, 월출산, 북한산 등과 함께 그 빼어난 바위봉우리로 첫 자리를 다투는 명산이다. 만학천봉(萬壑千峰), 암봉과 바위, 폭포와 소(沼), 노송과 맑은 계류가 어우러져 곳곳에서 현기증과, 탄성과 환호를 자아내게 하니, 이중환이 《택리지》에서 "마음과 눈을 놀라게 한다"고 표현한 말이 참으로 옳다.

주왕산은 암봉이 골짜기 안에 방처럼 동네를 이루고 있어서 주방산(周房山), 봉우리가 마치 돌병풍을 세워놓은 것 같다고 석병산(石屛山), 경치가 금강산에 견줄 만하다고 소금강(小金剛) 등으로도 불렸는데, 옛 문헌에는 대개 주방산(周房山)으로 나온다.[1)]

그런데 왜 '주왕산(周王山)'이라 부르게 되었을까. 이에 대하여는 신라 선덕왕이 죽자 그 후계자로 김경신(뒤에 원성왕)과 김주원(金周元)이 물망에 올랐는데, 이때 왕좌에서 밀려난 김주원이 이 산에 들어와 머물렀으므로 주방산-주왕산이라 불렀다는 설이 있다. 좀 더 널리 알려진 이야기로서, 당나라 덕종 때 난을 일으킨 주도(周鍍)가

주왕산의 기암

당나라 곽자의 장군의 군사에 쫓겨 그 일당과 함께 해동의 이 산 계곡까지 들어와 3년 동안 숨어 지냈으므로 주왕산이라 부르게 되었다는 전설이 있다.

필자는 주왕산의 이름이 '중앙산'에서 비롯된 것으로 보고 있는데 그 이유는 다음과 같다.

주왕산 국립공원을 들어서면 그 초입에 산 위로 바위봉우리들이 솟아올라 탄성을 자아내게 한다. 이 봉우리가 바로 기암이다. 기암(旗巖)은 기암괴석의 그 기암(奇巖)이 아니라 깃대바위, 깃발바위라는 뜻이며, 주왕이 이곳에 깃발을 꽂았기 때문이란다. 이 바위봉우리는 주왕산의 얼굴이자 간판이요, 이름 그대로 주왕산의 깃발이 된다. 산 위에 솟은 바위봉우리는 폭 약 200여 미터, 높이 약 30~50여

주왕산 대전사

미터에 달하는 7개의 바위기둥이 솟았고, 그 중앙의 3개 암봉이 '뫼 산(山)' 자를 이루고 있다. 주왕산에 들어서면 대전사(大典寺) 보광전(普光殿) 용마루 너머로 주왕산의 얼굴이 보인다. 곧 흘립(屹立)한 바위봉우리들의 중앙이 '뫼 산(山)' 자를 이루므로 사람들이 '중앙산'으로 불렀을 터이고, 세월이 흐르면서 중앙산〉주앙산〉주왕산으로 변전(變轉)되어 온 것이라 여겨진다.

이 기암의 중앙을 '뫼 산(山)' 자로 보는 것은 그저 필자만의 인식이 아니며,[2] 대전사라는 절 이름도 기암이 글자 형상임을 암시하고 있는 것이다.

대전사(大典寺)의 '전(典)'은 법식이나 기준, 또는 책을 뜻한다. 본래 '위대한 서적'이라는 의미가 담겨 있으며, 전(典)의 밑부분인

기(丌)는 물건을 바치는 탁자로서 고전이 될 만한 책을 그 위에 올려 놓고 존중한다는 뜻이다.[3)]

그러니 기암은 그 중앙이 '뫼 산(山)' 이라는 큰 글자의 모양이요, 그 글이 씌어진 대전(大典; 큰 책이라고 할 수 있으니, 예컨대 《한한대전(漢韓大典)》이나 《국어대사전(國語大辭典)》 같은 이름들을 떠올려보면 쉽게 이해할 수 있을 것이다)의 구실을 하는 곳이 바로 대전사인 것이다.

주왕산의 유래가 된 '주왕' 의 이야기는 역사서나 영남 선비들의 문집, 또는 향토사 등 문헌의 어디에도 전해지는 바가 없으며, 대전사라는 이름도 주왕의 아들 대전도군(大典道君)에서 비롯되었다고 하는데, 이는 그 사연을 모르는 까닭에 후대에 끌어다 붙인 이야기일 것이다.

그러므로 주왕산의 유래는 그 얼굴이 되는 기암에서 비롯된 것으로 보아야한다. 원래 깃발은 어떤 의미나 신호를 전달하는 것이다. 주왕산 기암의 깃발은 중앙의 '뫼 산(山)' 자를 알리는 깃발이며, 그 밑에 있는 대전사(大典寺)는 '산(山)' 자를 받치고 있는 위대한 책, 자전(字典)이라는 뜻으로 풀이할 수 있는 것이다.

---

1) 《신증동국여지승람》, 《대동여지도》 등.

2) 김형수, 《한국 400산행기》, 깊은 솔, 567쪽. 〈기암-山자 모양〉; 조선일보사, 월간 《산》 2006. 6월호 별책부록, 〈주왕산 기암-山자 모양〉 등.

3) 이돈주, 《한자학총론》, 박영사, 2000, 233쪽.

남설악 오색약수와 주전골

오색은 물신주의의 세상, 주전골은 돈을 만든 곳

五色藥水 鑄錢谷

가을의 남설악 오색약수터. 누가 온 천지를 이처럼 오색으로 물들이는가. 그리고 이 잠깐의 열락(悅樂)은 무엇이 그리도 바쁜지 오고 간단 말도 없이 앙상한 가지만 남겨두고 홀연히 사라지는가.

'색즉시공(色卽是空) 공즉시색(空卽是色)'. 《반야심경(般若心經)》에 나오는 이 유명한 말은 2천여 년 동안 인류에 회자되면서, 인류의 역사가 존재(存在; Being)와 생성(生成; Becoming)의 순환 과정임을 가장 명료하게 표현한 말로 꼽는다.

여기서 오색약수의 '색'과 반야심경의 '색'은 같은 뜻을 나타내는 말이다.

낳았다가 죽고, 생겼다가 없어지고, 왔다가 가는 모든 것. 생성하고 소멸하는 모든 것. 물질문명이 만들어놓은 온갖 명품과 짝퉁과 백화점에 진열된 화려한 상품들과 번쩍이는 네온사인, 보기 좋고 먹기 좋고 갖고 싶은 모든 것. 물신주의에 휘둘린 현대인의 우상이 바로 색이다.

강원도 양양군 서면 오색리는 남설악의 명소로서 오색온천, 오색

약수터, 그리고 주전골의 단풍과 빼어난 계곡미로 사철 인파가 몰리는 곳이다. 특히 이곳 오색온천은 알칼리 온천으로 여인들의 피부미용에 좋다고 소문이 나서 '미인 온천' 으로 불렸고, 신혼부부에게 인기가 높다. 그리고 신혼부부의 화사한 옷차림은 이곳의 '오색(五色)' 이라는 이름과 딱 맞아떨어지는 곳이 되었다.

이곳을 오색이라고 부르게 된 이유인즉, 옛날 이 마을(관터)에 다섯 가지 색깔의 꽃이 피는 나무 하나가 있어서 이 나무를 오상나무(오색목)라 하였는데, 근래까지 분홍색, 하늘색, 흰색의 세 가지 꽃이 피었다고 한다.[1] 이 나무로 말미암아 마을 이름도 오색리가 되고, 약수터는 오색약수, 또 한계령은 오색령으로 불리기도 하였다.

한편 오색약수터에서 주전골로 1.5킬로미터쯤 들어가면 성국사(成國寺)가 나오는데, 신라 때 도의선사가 창건하고 처음에는 오색석사(五色石寺)라 불렀다. 여기서 '오색석' 은 바위를 뜻하므로 앞에 나오는 오색목과 함께 살펴볼 때, '오색' 이 자연의 꽃이나 바위 빛깔이기보다는 청(靑)-목(木), 적(赤)-화(火), 황(黃)-토(土), 백(白)-금(金), 흑(黑)-수(水)의 오행(五行)을 나타내는 이름인 만큼 이 세상 삼라만상을 뜻하는 것으로 보아야 한다.

주전(鑄錢)골은 오색약수터에서 성국사를 지나 길게 들어간 계곡이다. 선녀탕, 만물상, 흔들바위, 등선폭포, 십이폭포 등 기암괴석과 폭포와 맑은 물이 뛰어난 계류를 이루고, 가을철 단풍으로 소문이 나 있다. 이름 그대로 주전골은 엽전을 주조하던 곳이라고 한다. 조선 중기에 도적들이 이 골짜기로 몰래 숨어 들어와 돈〔錢〕을 주조

설악산 주전골

(鑄造)하였던 곳이므로 주전골이라 부른다는 것이다. 그들은 승려로 가장한 채 엽전을 만들다가 발각되어 성국사도 한때 폐사되었다고 한다.[2)]

지금도 점봉산 근처에서는 마을 사람들이 꽹과리 소리를 흉내 낼 때 "덤봉산 돈 닷 돈, 덤봉산 돈 닷 돈" 하고 소리를 내는 것도, 주전골이 점봉산(덤봉산) 북쪽 골짜기이자 설악산 대청봉 남쪽 골짜기로서 엽전을 주조하던 곳이었기 때문이란다. 이 사실은 2005년 무렵 태풍 에위니아 때문에 주전골에 큰물이 졌는데, 이때 그 당시 돈을 주조하던 동굴이 발견되었다는 방송 보도에서도 확인된 일이다.

자본주의 사회에서 돈은 인간의 주인이고 인간의 신이 되었다.

'오색' 이라는 이름이 세상의 물질을 나타낸다면, 주전골은 그 물질을 살 수 있는 돈을 몰래 만들었던 곳이니 얼마나 기막힌 인연인가. 물질과 돈의 거래 관계가 이곳 남설악의 오색리와 주전골을 통하여 설명되고 있는 것이다.

---

1) 한글학회, 《한국지명총람》 강원 편, 219쪽.

2) 교학사, 《최신 전국 여행》, 2005, 36쪽.

과천시 관악산, 서울대학교와 과천 정부청사

갓과 벼슬, 서울대학교와 과천 청사와 '서울대학병'

冠岳山

갓은 닭의 볏처럼 벼슬을 상징, 양반의 징표

관악산은 경기도 과천시와 서울특별시 관악구, 금천구, 그리고 안양시에 걸쳐 있는 높이 631미터의 근교 명산이자 조선 시대 '경기 5악' 의 하나로 널리 알려진 산이다.[1] 필자가 구태여 '과천시 관악산' 으로 제목을 뽑은 것은, 관악산이 옛 과천 고을의 진산(鎭山; 수호산)으로서 이 고을에서 제사지내고 모셨던 산이기 때문이다.

> "그대는 이 산을 네 번이나 올라왔으니 나에게 이 산에 대하여 품평해 주지 않겠는가?"
>
> "아니다. 나는 감히 못 하겠다. 산을 논함은 마치 선비를 평론함과 같아서 폄론(貶論)하면 산이 노여워하고, 아첨하는 것은 사람의 말에 있으므로 이를 내 어찌 감히 하겠는가."

이 글은 조선 말기에 쓴 《유관악산기(遊冠岳山記)》에 나오는 대화이다. 옛 선비들은 '사람의 말' 로 산을 평가하는 것 자체를 금기시

서울대공원에서 바라본 관악산

하였던 것이다. 그런 뜻에서 필자의 이야기도 관악산을 낮추어보거나 산의 허물을 논하고자 함이 아니다.

조선왕조 때는 이 산의 모습이 타오르는 불꽃 형상이라 하여 조정을 관악산=불의 노이로제에 걸리게 하였는데, 관악산은 지금 보더라도 삐죽삐죽 솟아 오른 모습이 영낙없는 화산(火山)이다. 그래서 도성 안 궁궐의 크고 작은 화재가 날 때마다 관악산이 그 죄를 뒤집어썼지만 이 이야기의 주제는 불이 아니라 바로 관(冠)=갓이다.

이 관은 '갓' 이라는 뜻과 함께 닭의 볏(벼슬)을 나타냈으며, 갓은 남자아이가 성인이 되어야만 머리에 쓸 수 있었다. 그러므로 사대부 계층의 일반화된 관모는 반상(班常)의 구별이 뚜렷한 신분제 사회의 계층적 신분, 곧 벼슬을 나타내는 양반의 징표가 되었다.

어떤 까닭으로 관악산이 '관(冠=갓)' 자를 머리에 쓰게 되었을까. 사람의 몸에서도 존귀의 상징이 머리요, 그 머리에 쓰는 모자가 갓이다. 그러니 '갓' 이란 말에는 국어학적인 여러 가지 의미가 함축되어 있을 것으로 본다(이에 대하여는 갓-거시, 거서간, 혁거세의 거세, 거시기 등과 함께 깊이 있는 연구가 있어야 할 것이다).

이 산의 북쪽 기슭에는 서울대학교가 있고, 남쪽 기슭에는 과천 정부청사가 자리 잡고 있어서 관(冠)=벼슬(官)이 지천으로 있으니 관악산이 '관(官)' 자를 써도 좋을 것이라는 생각이 들기도 한다.[2] 특히나 과천 시내의 종합청사로 들어가는 진입로 일대는 조선 시대부터 관문리(官門里)라 불렸기에 하는 말이다.

그러나 관악산은 역시 '관(冠)악산' 이다.

이 산의 북쪽 기슭에 있는 국립 서울대학교는 1975년에 서울 종로구에서 옮겨왔는데, 이곳 대학생들이 졸업식 때 쓰는 사각모자가 관(冠)을 연상시키기 때문이다.

한편 서울대학교가 들어서 있는 관악캠퍼스의 상징물은 철제 정문이라고 할 수 있다. 1977도에 세워졌다는 이 정문의 모양은 '국립 서울대학교' 의 이니셜 자음인 'ㄱ, ㅅ, ㄷ' 을 연결해 놓은 것이다. 그리고 'ㄱ' 은 공업 생산력을, 'ㅅ' 은 관악산을, 'ㄷ' 은 열쇠를 상징함으로써 전체적으로는 '조국의 장래를 개척해 나갈 핵심적인 인재(key) 배출' 을 기원하는 뜻이 담겨 있다고 한다.

그러나 한때는 'ㄱ, ㅅ, ㄷ' 의 이니셜이 계집, 술, 당구로 은유되기도 하였고, 학생운동이 한창일 때에는 최루가스와 돌멩이가 난무하던 이곳 철제 정문 앞 풍경이 외국 TV에 단골로 등장했던 역사도 있다.

어쨌든 벼슬자리로 치면 이 나라가 서울대학교의 독과점 공화국이라는 사실을 부정할 사람은 별로 없을 것이다. 그것이 곧 우리 사회에 '서울대학병'을 만들어냈다. 관악산 북쪽 서울대학교의 독과점 현상은 관악산 남쪽 정부 과천청사의 고위직뿐만이 아니라 이 나라의 여러 분야에서 나타나고 있는 것이다. 그러나 한편 서울대학교가 세계 유수의 명문 대학에 끼지 못하고 있다는 신문기사를 읽으면서 우리들이 자존심에 상처를 받은 것처럼 마음이 아픈 것은, 그만큼 서울대학교가 국민의 사랑을 받고 있다는 뜻이기도 한다.

---

1) '경기 5악' 이란 산 이름에 '악(岳)' 자가 들어가는 큰 산으로서 파주의 감악산, 가평의 화악산, 개성의 송악산, 포천의 운악산과 함께 이 관악산을 합하여 부른 이름이다.

2) 과천 정부청사는 참여정부의 방침에 따라 충남의 세종특별자치시로 이주하게 되므로 이 이야기도 언젠가는 지나간 이야기가 될 것이다.

대전시 낭월동과 곤룡골(골령골)

억울한 영혼, 뼈가 증언하는 죽음의 골짜기

朗月洞 昆龍谷

벌레처럼 죽어 구천을 헤매는 영혼, 위령탑 세워야

6 · 25사변이 터지자 정부는 수감 중인 죄수들의 처리에 무척 고심하였다. 죄수들 가운데서도 전향한 좌익계라든지, 남로당 당원, 제주 4 · 3사건 관련자, 여순 반란사건 관련자 등 당시의 시국과 관련한 사람들이 그랬다.

1950년 6월 25일 사변이 일어난 그해 7월 8일부터 10일까지 대전교도소에 수감되었던 1,800여 명의 수형자들은 재판 절차 없이 학살되었는데, 그 처형 장소가 지금 대전-옥천 사이 곤룡 터널이 뚫린 그 부근이다.

당시 학살 인원은 제주 4 · 3 사건 관련 수형자 3백 명, 여순 사건 관련자 1,500여 명이었다고 하며, 2001년 7월 8일에는 이곳 '골령골'에서 4 · 3사건 희생자 3백여 명의 집단위령제가 열렸다. 그때의 학살 현장인 대전시 동구 낭월동 골령골은 몇 년 전만 해도 농부들이 밭을 갈다가 유골을 한 가마씩 발굴했다고 하며, 지금도 이 일대에서 유골을 찾아내는 것은 쉬운 일이라고 한다.

이곳 낭월동(朗月洞)은 원래 망월랑리(望月朗里)였다고 한다. 이곳이 풍수지리상 옥토망월형(玉兔望月形)이기 때문인데, 이것을 줄여서 '낭월동' 이 되었다는 것이다.[1] 낭월동=옥토망월형은 광주광역시 망월동의 옥토망월형과 같다.

그런데 광주의 망월동이 광주 민주화운동의 희생자 묘역이 되었듯이, 이곳 낭월동도 그때 억울하게 희생당한 혼백들이 구천(九天)을 맴도는 곳이 되었다. '망월(望月)' 은 보름달을 말한다. 그것은 어둠을 밝혀주는 광명의 달로서 구천을 떠도는 혼백들의 한을 씻어준다는 뜻이 될 것이다.

한편 낭월동의 골령골은 곤룡치(昆龍峙), 곤령재, 골령골 등으로 부르고 있다.[2] 여기서 '곤룡(昆龍)' 은 벌레를 말하는 것 같다. '벌레 곤(昆)' 으로도 쓰는데, 인간의 생명을 벌레처럼 여겼기에 1,800명이나 되는 목숨을 무자비하게 처단하였을 것이다.

그리하여 그 목숨이 스러진 곳이 이제는 '골령골' 로 통하고 있다. 뼈〔骨〕가 그 억울한 죽음을 증언하는 영혼〔靈〕의 골짜기, 바로 그 '골령(骨靈)골' 이 된 것이다.

어둠 속에 풍화작용 하는
백골을 들여다보며
눈물짓는 것이 내가 우는 것이냐,
백골이 우는 것이냐,
아름다운 혼이 우는 것이냐.

— 윤동주, <또 다른 고향>

사람이 죽으면 영혼이 다시 돌아오지 않도록 죽은 사람의 이름을 세 번 부르는 것을 '고복(皐復) 의식' 이라고 한다. 이렇게 불러서 그가 소생하지 않은 것이 확인될 때 운명한 것으로 인정하는 상례(喪禮) 절차이다.

> 산산이 부서진 이름이여!
>
> 허공중에 헤어진 이름이여!
>
> 불러도 주인 없는 이름이여!
>
> 부르다가 내가 죽을 이름이여!

유명한 소월의 시 〈초혼(招魂)〉은 바로 이 의식을 노래한 것이다. 2007년 8월 정부의 과거사진상규명위원회에서 1차로 골령골 일대의 한 지점을 정하여 유해 발굴 작업을 시작하였는데 수많은 유골과 희생자들의 유품이 쏟아져 나왔다. 그 광경이 TV에 보도됨으로써 많은 사람들이 놀랐고, 골령골 민간인 학살 사건이 현실로 확인되었다.

이스라엘의 예루살렘에는 '야드바셈' 이라는 추모기념관이 있는데, '야드바셈' 이라는 말은 '이름을 기억하라' 는 뜻이라고 한다. 그것은 제2차 세계대전 때 학살된 600만 명의 유대인 희생자 이름을 뜻하는 것이다. 프랑스 파리에는 '이름의 벽' 이 세워져 있는데, 나치의 아우슈비츠 수용소에 끌려가 죽은 7만 6천여 명의 유대인 이름이 새겨져 있다고 한다.

골령골에도 이곳에서 학살된 민간인 1천8백 명의 이름을 새긴 위령탑을 세워서 그들의 한을 풀어주는 것은 어떨까. 아울러 정부의 유해 발굴 작업은 계속되어야 한다. 그때 전국 곳곳에서 억울하게 죽어간 수많은 죽음을 위하여, 구천에서 떠도는 그 영혼들의 한을 씻어주어야 할 때라고 생각한다.

1) 한글학회, 《한국지명총람》 충남 편 상, 1974, 326쪽.
2) 《제민일보》, 2001. 7. 9일자, 신문보도 가운데 지명(골령골)

청계산 혈읍재와 충혼비

피울음의 혈읍재와 국군 53명 순직한 비행기 추락 현장

血泣 忠魂碑

서울의 강남이나 서초, 성남시 분당, 과천시 등 수도권의 한강 남쪽에 사는 사람들은 대개 청계산(清溪山) 등반을 해본 사람이 많을 것이다. 높이 618미터(최고봉을 583미터로 표기한 지도가 많으나 그것은 잘못된 것임)의 청계산은 산세가 수려할 뿐만 아니라 숲이 그윽하며, 바위산이기보다는 흙산이요, 여성적인 산으로서 남성적인 관악산과 비교되기도 한다.

등산로는 서울 서초구 원지동의 원터 마을, 성남시 상적동의 옛골 마을, 과천시 문원동의 매봉 코스, 의왕시 청계사 코스 등 각 방면에서 오를 수 있게 되어 있다. 이 산은 그전에 과천 고을에서 기우제를 지내기도 했던 영산(靈山)으로서 조선 후기 과천 현감을 지낸 김조순이 이곳에서 올린 기우제문이 전해지고 있다.

> ……저들이 실로 무슨 죄입니까? 생각하면 마음이 아픕니다.
>
> (비를) 쏟아지게 하시어 땅을 기름지게 하여 (곡식이) 풍성하게 하소서.
>
> 흉년을 돌려 풍년으로 만드는 것이 장차 누구의 공적이겠습니까?

과천 서울대공원 뒤로 보이는 청계산

이 청계산의 최고봉인 망경대(望京臺)와 북쪽 매봉 사이의 고개 위에는 이 고개를 '혈읍재'라 불렀다는 안내판이 세워져 있고, 또 매봉의 북쪽 능선에서 서쪽(과천 서울대공원 쪽) 산비탈에는 충혼비가 서 있다.

청계산 매봉과 망경대 사이의 고개인 혈읍재는, 그전에 산사태가 났었기 때문에, 성남 쪽 옛골 사람들 사이에 '사태골'로 통하는 곳으로서, 이 고개의 '혈읍재' 안내판은 '창길문화답사회'에서 세워 놓은 것이다.

청계산 혈읍재(血泣-)는 조선조 영남 사림의 거유 일두(一蠹) 정여창(鄭汝昌, 1450~1504) 선생이 이 고개를 넘나들며 성리학적 이상 국가의 실현이 좌절되자 통분해서 울었으므로 그 피울음 소리가 산 멀리까지 들려서 후학인 정구(鄭逑, 1543~1620)가 '혈읍재'라 명명. 정여창 선생은 청계산 금정수에서 은거하다 연산군의 무오사화 때 연루되어 스승 김종직(金宗直, 1431~1492), 벗 김굉필(金宏弼, 1454~1504)과 함께 유배 후 사사, 갑자사화 때 종성땅에서 부관참시.

— 창길문화답사

한편 매봉 못 미처서 과천시 서울대공원 쪽에 있는 충혼비는 1982년 6월 1일 14시 49분, 군 작전 수행 중 비행기 추락으로 이곳에서 모두 순직한 53인의 국군 용사를 추모하기 위하여 그 현장에 세운 비석이다.

그대들이 흘린 뜨거운 피와 충혼의 얼로 조국은 크게 살아 숨쉬나니, 그대들의 영혼은 조국의 산하에서 영원히 살아 꽃피리라. 그대들은 조국을 사랑하고 또한 조국은 그대들을 사랑하노니 거룩한 영령들이여, 조국의 품속에 고이 잠드소서!

그런데, 이곳과 혈읍재는 남북으로 뻗은 청계산의 능선으로 이어져 이웃하고 있는데, '혈읍재—53명의 국군 순직—뜨거운 젊음의 피'가 서로 통하는 이름으로 풀이되는 것이다.

그들의 젊은 죽음을 탄식하는 '혈읍재', 그때 자식들의 주검을 앞에 두고 이 산에 가득 찼던 부모들의 통곡과 탄식을 떠올려보면 '혈읍재' 라는 이름의 의미가 가슴에 와 닿는 것이다.

그러나 무엇이 그리도 바쁜지 등산객은 많아도 그 등산로에서 50미터쯤 외따로 자리 잡은 비행기 추락 현장과 추모비를 둘러보는 사람은 눈에 띄지 않았다.

혈읍재와 이미 잊혀져버린 53인의 젊은 죽음. 인간의 기억처럼 무책임하고 편리한 것도 없다는 말을 떠올리면서, 들국화 몇 송이를 꺾어 충혼비 앞에 바쳤다.

5

그 밖의 땅이름 이야기

- 한라산과 성판악
- 팔달산, 팔달동과 팔달로
- 부산시 동래와 영도구 봉래산 외
- 김포시 – 북한의 조강리와 유도 (머머리 섬)
- 공주시 효자 향덕비, 효포(옛 효가리)와 혈흔천
- 신안군 가거도(소흑산도)
- 상주시 의우총
- 전주시 덕진호
- 서울 노원구 밑바위
- 춘천시 월곡리와 금옥동
- 제천시 황석리

한라산과 성판악

하나뿐인 한라산, 널빤지를 깐 성판악 등산로

漢拏山 城板岳

제주도, 368개 새끼 화산으로 이루어진 오름의 고장

산을 왜 오르는가? 등산객들이 땀을 흘리며 산을 오르다가 가끔 자문자답해 보는 명제이기도 하다. 그 대답들이 재미있다.

— 산이 그곳에 있으니까. (G. 말로리)

— 산에는 우정이 있으니까. (N. 텐징)

— 내가 산을 올라가야지, 산이 나를 오르게 할 수는 없으니까. (미상)

— 산에 올라가는 그 높이만큼 내 머리(키)가 높아지고, 하늘이 가까워지니까. (필자)

이 "산을 오른다"는 명제에서 '오르다'라는 동사를 명사화하여 그대로 지명으로 사용하고 있는 곳이 제주도로, 섬의 곳곳에 깔려 있는 '-오름'이라는 이름들이 그것이다.

가령 성판악(城板岳)은 우리말로 '성널오름'이라고 하는데, 이처럼 '-오름'이라는 이름이 붙은 산봉우리가 제주도에 368개가 있다. 말하자면 오름은 화산이 터지면서 생긴 웅덩이들로서 한라산 기슭에는 이렇게 생겨난 작은 화산, 곧 일명 굼부리라고 하는 기생 화산이 368개나 된다는 뜻이다.

제주의 설화에 따르면 키가 엄청나게 큰 설문대 할망(선문대 할망이라고도 함, 한라산 영실 오백 장군의 어머니)이 삽으로 흙을 떠서 일곱 번 던졌더니 한라산이 되었고, 이때 할머니가 신고 다니던 나막신에서 떨어진 흙덩이들이 한라산 기슭에 떨어져 오름이 되었다고 한다. 그러므로 오름이란 한라산의 새끼 화산이 되는 수많은 작은 봉우리들을 말한다.

이 오름을 한자로 표기할 때는 '-악(岳)'으로 쓰는데, 가장 큰 산인 한라산 이름에는 들어가지 않고, 거꾸로 작은 산봉우리에 '큰 산 악(岳)' 자를 붙이고 있는 것이 재미있는데, 이것은 제주도만의 지명 표기상 특례라고 할 수 있다.

368개나 되는 수많은 오름을 좇다 보면 제주도야말로 오름의 고장, 굼부리의 고장임을 쉽게 느끼게 된다. 그리고 이 오름이야말로 제주도의 역사, 제주 사람들의 삶과 죽음, 그들의 눈물과 한숨을 담고 있는 이름이라는 것을 알게 될 것이다.

멀리는 제주도의 조상신인 세 신인(神人; 고, 량, 부 세 성씨의 시조)의 다스림으로부터, 고려 삼별초의 대몽 항쟁, 그리고 원나라 다루하치의 압제와 목호(牧胡)의 반란, 근대에 이르러 4 · 3 사건으로 그 오름 주위에 있던 수많은 마을들이 사라져버리고 주민들이 몰살당하는 참변을 겪기까지, 제주도의 오름은 이 모든 역사의 목격자이자 증언자로서, 그 설움에 겨운 이야기들을 들꽃처럼 바람에 실어 보내고 있는 것이다.

한라산은 제주도에 하나뿐인 '하나산' 이요, '할아버지산'

그 수많은 오름 가운데서 10여 개의 오름을 여기에 뽑아보았다.

□ 살핀오름(북제주 애월읍 광령리)

고려의 삼별초 항쟁 때 김통정 장군 휘하 병사들이 이곳에서 주변의 동정을 살핀 곳이라고 함.

□ 아끈다랑쉬오름(북제주 구좌읍 세화리)

산봉우리에 분화구가 있어서 달처럼 둥글게 생겼으므로 다랑(달) 쉬(뫼)라 하는데, '아끈'은 제주 방언에서 '버금' 또는 '작다'는 뜻이 되므로 '작은 다랑쉬'라는 뜻임.

□ 쌀손장오름(살손장오리, 제주시 봉개동)

옛날 고(高), 양(梁), 부(夫)의 세 신인이 저마다 거주지를 정할 때 화살을 쏘았던 곳이라고 함. 제주 방언으로 쌀(화살) 손(쏘은) 오름이라는 뜻.

□ 남조순오름(제주시 연동)

옛날 나무가 우거진 곳으로서 이곳에 새가 나무를 쪼는 비조탁목형(飛鳥啄木形)의 명당이 있기 때문이라고 함. '나무 쪼는 오름'이 제주 방언으로 '남조순오름'이 됨.

□ 가삿기오름(제주시 오라동)

지세가 개의 새끼, 곧 강아지처럼 생겼기 때문이라고 함. '개새끼'

의 제주 방언인 '가삿기'로 됨.

□ 개구리오름(북제주 한림읍 동명리)

두 마리의 개가 꼬리를 끌고 누워 있는 형국이므로 제주 방언의 개꼬리오름 - 갯거리오름 - 개구리오름이 됨.

□ 불칸디오름(제주시 아라동)

불에 탔다는 뜻의 '태웠다'를 제주 방언으로 '캐웠다'고 하며, 그전에 불에 탄 적이 있는 곳이라는 뜻임.

□ 폭낭오름(북제주 애월읍 봉서리)

이곳에 큰 팽나무가 있으므로 제주 방언에 따라 폭(팽) 낭(나무)오름이라 함.

□ 알방에오름(서귀포시 동흥동)

방에란 맷돌을 돌리는 연자방아를 말하며, 방에오름 아래(알)쪽이 되므로 알방에오름이라 함.

□ 돗내린오름(서귀포시 동광리)

그전에 멧돼지가 내려온 산이므로 돗(멧돼지) 내린 산이라는 뜻임.

이렇게 열거해 놓고 보니 그 이름 속에는 삼별초의 항쟁이나, 제주도 세 신인이 출현했던 까마득한 이야기, 또는 제주의 풍속이나 방언과 관련된 이름들이 고스란히 담겨 있다. 그러니 제주도 368개 오름의 이름만 가지고도 제주의 역사나 사람들의 생활을 이해하는 데 좋은 자료가 될 수 있는 것이다.

기왕에 제주도의 산 이름을 말하게 되었으니 한라산(漢拏山)에 대해서도 언급하지 않을 수 없다.

높이 1,950미터로 남한에서 가장 높은 한라산은 제주도의 상징이자 정신이요, 제주 사람들의 생활의 뿌리가 되는 산이다. 산꼭대기의 백록담(白鹿潭)은 달걀의 노른자위처럼 제주 섬의 중심이 되고, 한라산 꼭대기는 제주도의 구석구석을 묵중하게 굽어보는 제주 섬의 오랜 할아버지 같다.

필자는 이미 오래 전에 서울의 한강이 일강(一江)의 뜻을 담고 있는 것처럼, 제주도의 한라산도 하나산, 곧 일산(一山)의 뜻을 담고 있는 것으로 보았다. 이것은 한강이나 한라산이 모두 크다는 뜻과 함께 하나, 곧 일(一)을 뜻하는 것으로 본 것이다. 옛 문헌에는 '한라(漢拏)'를 그 자의(字意)대로 풀어서 운한(雲漢; 구름과 은하수)을 끌어당길〔拏引〕 만큼 높다는 뜻으로 풀이하고 있다.[1] 그러나 제주도가 한라산이요, 한라산이 제주도이니, 제주도에 하나뿐인 큰 산, 바로 그 하나산(방언에서는 '하나'를 '한나'로 발음하는 곳도 있음)이 곧 한라산으로 되었으리라 보는 것이다.

성널오름, 9.6킬로미터의 등산로 절반 이상이 널빤지 오름

한편 한라산의 '한라(漢拏)'는 우리말의 할아버지, 할머니, 또는 제주도의 하루방을 뜻하는 그 '할'의 표기라는 점이다. 제주도에는 수많은 당신(堂神)들이 있는데, 여기에 등장하는 모든 신들의 이름은 그 끝에 '하로산'이 붙는다. 이 하로산이 말하자면 제주도의 할아버지산이라는 뜻이며, 이 이름은 제주도 곳곳에 남아 있는 '하루방' 이라는 이름과도 서로 통한다고 볼 수 있으며[2] 그 밖에도 여러 가지 이름이 있지만 여기에 다 늘어놓을 수 없다.[3]

한라산은

구름 속에 산다.

좀체

얼굴을 내놓지 않는다.

……

물안개 자욱한

백록담에 손을 씻는

8월 한낮이 으시시 치웁다.

이젠 선불리 악수할 수 없는

손을 자랑하리라.

나도 이대로

한라산 백록담 구름에 묻혀

마소랑 꽃이랑 오래

도록 살고파

까마득 하산을 잊어버리다.

— 신석정, <백록담에서> 가운데

구름 속의 한라산. 기상청의 30년 평균 통계에 따르면 한라산은 1년에 33일 밖에는 맑은 모습을 보이지 않는단다. 그러기에 시인은 한라산 백록담에 올라서 그 물에 씻은 손을 내밀어 차마 속세의 사람들과 선뜻 악수하기가 꺼려질 것이라 한다.

앞에서 언급한 바 있는 성판악은 한라산의 동쪽 제1 횡단도로(국도 11호)에서 이 산의 정상으로 올라가는 길목이 되는 곳이다. 성판악(城板岳)이라는 한자 표기 이름과 '성널오름' 이라는 우리말 이름 두 가지 명칭이 함께 쓰이고 있는데, 대개 '성판악' 이라고 하면 한라산 국립공원 관리사무소 성판악 지소에서 백록담에 이르는 길이 9.6km의 등산로를 일컫는다고 한다.

한편 성널오름은 이 등산로의 바로 옆에 있는 높이 1,215.2미터의 기생 화산을 말하는 것이다. 당초 이곳을 성널오름 또는 성오름이라고 부르게 된 것은 산 모양이 널조각을 성벽처럼 깎아 세운 듯한 데 그 까닭이 있다고 한다.[4)]

제주에서 한라산 백록담으로 올라가는 등산로는 모두 다섯 개가 있다. 그 첫째는 영실-백록담 코스, 둘째는 어리목에서, 셋째는 성판악에서, 넷째는 관음사에서 백록담에 이르는 코스이며, 마지막으로 서귀포시의 돈네코에서 오르게 되어 있다.

그 중 돈네코 코스는 폐쇄되는 경우가 많으며, 나머지 4개 코스 가운데 가장 길면서 완만한 구간이 성판악 코스로서 많은 사람들의 사랑을 받고 있는 등산로이다. 이 등산로는 해발 750미터에서 백록담까지 오르게 되는데, 이 코스의 중간 중간에는 여러 곳에 널빤지를 촘촘하게 잇대었거나, 혹은 1~3미터 간격으로 널빤지를 깔아 등산하는데 편하도록 배려하고 있어서 결국 널빤지를 밟고 한라산을 오르는 셈이 된다.

성판악의 '판(板)'은 곧 우리말의 '널'이다. 널은 나무를 톱으로 썰거나 얇게 쪼갠 판자를 말한다. 가령 나무판자를 지붕으로 올린 집을 '너와집'이라 하는데, 이것은 널(板)+기와(瓦)=널기와=널와=너와집이 된다.

이처럼 성판악 코스는 전체 9.6킬로미터의 절반이 넘는 5킬로미터 이상의 구간에 널빤지가 깔려 있다. 성판악=성널오름이라는 그 이름과 신통하게 맞아떨어지고 있는 것이다.

성판악-백록담을 등반한 사람은 필자의 의견에 공감할 줄 믿는다. 성판악 코스의 백록담 정상부는 아예 널빤지로 잇대어 있어서, 널빤지 계단을 밟고 올라가야 정상에 도착할 수 있다. 그야말로 성널오름이다. 한라산 국립공원 관리사무소에 들러서, 성널오름이라는 그 이름에 맞추어 등산로에 널빤지를 많이 사용한 것인지 물어보았다. 그랬더니 전혀 그런 것이 아니라고 한다.

필자는 30여 년 전부터 한라산을 비롯하여 여러 명산을 오른 바 있다. 그런데 우리나라 주요 명산의 등산로 가운데 성판악 코스처럼 널빤지가 많은 등산로는 보지 못하였다. 역시 '성판악(城板岳)'이라는 그 이름 탓으로 돌려야 할 것이다.

---

1) 민족문화추진회, 《신증동국여지승람 5》 제주목 산천조, 98쪽.

2) 세화본향의 할로영산, 호근본향의 하로산또, 상창하르방당산, 제석천왕하로산 등(국립지리원, 《지명유래집》, 1987, 284~285쪽).

3) 한라산의 다른 이름으로는 봉우리가 평평하다는 뜻의 두무악(頭無岳), 산정이 가마솥처럼 생겼다는 뜻의 부악(釜岳)과 혈망봉(穴望峰), 철쭉과 단풍이 붉게 물드는 산이라는 뜻의 단산(丹山), 산이 둥글다는 뜻의 원산(圓山)과 원교산(圓喬山), 삼신산의 하나로 꼽는 이름인 영주산(瀛洲山), 그 밖에도 산이 바다 가운데 떠 있다는 뜻의 부라산(浮羅山), 여장군(女將軍), 선산(仙山), 제주도를 수호하는 산이라는 뜻의 진산(鎭山) 같은 이름이 있다.

4) 진성기, 《남국의 지명유래》, 제주민속연구소, 1975, 57쪽.

팔달산, 팔달동과 팔달로

사주팔자는 정해진 것이 아니라 만들어 가는 것

八達山 八達洞 八達路

여수, 태안, 울주 등은 중국 땅 이름을 좇은 예

애고 애고 내 팔자야, 조그만 개천을 못 건너고

이 봉변을 당하였으니 누구를 원망하며 누구를 탓하랴.

내 신세를 생각하니 천지만물을 보지 못하는지라

주야를 알랴, 사시를 짐작하여 봄철이 다가온들……

소경이 그르지 애초부터 있는 개천이 그르랴.

판소리 〈심청전〉에서 개천에 빠진 심봉사가 앞 못 보는 제 팔자를 탄식하는 대목이다. 팔자(八字), 곧 사주팔자는 사람의 출생한 연(年), 월(月), 일(日), 시(時)를 나타내는 간지(干支)의 여덟 글자를 말하며, 그 사람의 평생 운수를 나타낸다고 한다.

서양 사람들이 7을 좋아하듯이 동양 사람들은 8이라는 숫자를 좋아하는데, 그래서 그런지는 몰라도 고을마다 좋은 경치를 뽑아서 '팔경(八景)' 이라 하고, 자연계나 인간사의 길흉화복을 점치는 여덟 가지 상(象)을 '팔괘(八卦)'라 하며, 흠 없이 아름답거나 다방면에 능통한 사람을 '팔방미인(八方美人)'이라 하였다. 조선 태종 때 전국을 8도(八道)로 나눈 것이라든지, 이 '팔(八)' 자를 가호자(佳好字)로 사용한 예는 너무도 많다.

같은 동양 문화권(한자 문화권) 안에서도 중국의 경우는 유별나게 '팔'을 좋아하고 집착하는 것이 거의 병적이라 할 만하다. 중국 신화에 따르면, 우주는 여덟 개의 기둥에 힘입어 버티는 것으로 되어 있다. 그래서 그런지 방위는 팔방(八方)이요, 인륜은 팔덕(八德), 몸은 팔등신(八等身), 형벌은 팔형(八刑)이라 하였다.

상하이 푸동 지구 진마오 타워는 높이가 421미터인데, 88층에 높이와 너비가 8:1이며, 외곽 기둥이 8개, 완공일자가 1988년 8월 8일이다. 그러니 베이징 올림픽 개막을 2008년 8월 8일 저녁 8시 8분으로 정한 것도 이해가 간다.

필자가 2007년 상해를 방문했을 때 안내인이 설명한 바에 따르면 상해의 모 재벌 소유 자동차의 번호가 'C5888'인데, 앞의 숫자 '5'는 '오(五-吾-나)'를, 뒤의 '888'은 '부자 중의 부자'를 뜻하므로 "내가 바로 부자 중의 부자"라는 뜻이 되며, 이 자동차 번호 값만 우리나라 돈으로 10억 원 이상을 부른다고 한다(상하이, 선전 등 중국의 몇 개 도시는 경매를 통하여 자동차 번호판을 사기 때문이다).

그런데 같은 한자 문화권이 되다 보니 중국과 우리나라에는 같은 지명이 셀 수 없이 많다. 이것은 한자로 적을 때 서로가 가호자(佳好字), 곧 좋은 의미로 해석되는 글자를 쓰다 보니 같은 이름이 생겨난

수원 팔달문의 밤 경치

경우도 많을 것이다. 그러나 고려-조선 왕조를 거치면서 선비 사회에 사대적 의식이 확산되면서 우리나라에서 중국의 지명을 따온 경우도 매우 많다. 가령 중국의 호남(湖南-동정호 남쪽), 봉래(蓬萊-산동성의 현), 악양(岳陽-호남성 항구 도시), 여수(麗水-절강성의 현), 태안(泰安-산동성의 현), 울주(蔚州-하북성의 현) 같은 이름들이 우리 땅에도 있어서 귀에 익은 것이다.

여러 도시의 '팔달' 은 널리 통한다는 뜻의 '사통팔달'.

이처럼 우리나라와 중국이 같이 사용하는 지명의 하나로서 '팔달(八達)' 이라는 이름에 대하여 몇 개를 여기에 소개해 본다.

경기도 수원시에는 팔달산(八達山)을 비롯하여 팔달문(門)이니, 팔달구(區)니, 팔달동(洞)이니 하는 이름이 붙여져 있다. 여기서 '팔달' 이라는 말은 《진서》의 "사통팔달(四通八達)" 에서 나왔다고 하는데, 이것은 팔방으로 널리 통한다는 뜻이며, 팔달산에서 비롯된 이름들이다.

고려 말-조선 초기 때의 이야기로서 고려 공민왕 때 문과에 급제하여 한림학사를 지낸 이고(李皐)라는 선비가 있었다. 그는 공양왕 때 벼슬을 사양하고 내려와 수원의 한 산자락에 자리 잡고 살면서 호를 망천(忘川)이라 하였다.

왕이 사람을 보내 "요즈음에는 무엇으로 소일하느냐?" 하고 묻자, 집 뒤에 있는 탑산(팔달산)의 경치가 아름답고, 이곳에서는 사통팔달하여 마음과 눈을 가리는 것이 없으니 즐겁습니다" 라고 대답하였다고 한다.

조선이 세워진 뒤에도 새 조정에서 벼슬을 내리면서 그에게 출사(出仕)하도록 다그쳤으나 끝내 나서지 않았다. 그러자 임금이[1] 화공을 시켜서 그가 살고 있는 탑산의 아름다운 경치를 그려오라 하였다. 그리고 그 경치를 보고는 "과연 아름다운 산" 이라 하면서 산 이름을 '팔달산' 으로 부르게 했다는 것이다.[2]

대구광역시 북구 관문동에도 팔달동(八達洞)이 있다. 이 '팔달' 이라는 이름도 이곳이 금호강을 건너는 나루터이자 원(院)이 있었던 곳이므로 '사통팔달' 의 의미를 취한 것으로 보인다. 실제로 지금도 이곳은 대구 시내로 통하는 팔달교가 놓여 있고, 바로 옆에는 중앙고속도로와 경부고속도로가 교차하는 금호분기점이 있는 교통의 요충지이다.

전라북도 전주시의 팔달로(八達路)는 전주시 풍남문(豐南門) 동쪽에서 북쪽을 향하여 중앙 성당－진북 광장－전북일보사 앞을 지나 추천대교에 이르는 길이다. 중앙동 구(舊)전북도청 정문 북서쪽에 그전에 팔달루(樓)라는 누각이 있었으며 그곳에 있던 종동(鐘洞) 마을을 1914년 일제 때에 팔달정(町)으로 고친 적이 있는데, 팔달로라는 거리 이름도 그래서 붙여진 것이다.

중국 북경을 방문하는 사람들이 꼭 가보는 코스 가운데 하나가 바로 팔달령(八達嶺)의 만리장성 관광이다. 이곳에 올라가보면 산의 능선이나 골짜기를 가리지 않고 끝없이 뻗어나간 만리장성의 위용에 압도되기도 하는데, 필자는 그전부터 이곳의 '팔달령' 이라는 이름에 눈독을 들였다. 북쪽 오랑캐의 침입을 막기 위해 쌓아 올려놓은 곳에 '사통팔달' 의 뜻이 담긴 '팔달령' 이라는 이름은 어울리지 않기 때문이다. 아마도 '팔달령' 은 만리장성 축조 이전부터 있었던 이름이거나 또는 이 고개를 넘으면 널리 통한다는 뜻으로 붙였을 것이다.

다시 '팔자' 를 이야기해 보자. 사주팔자로 인생을 내다본다는 것은 참으로 터무니없는 일이다. 사람이 태어나고, 살고 죽는 것이 모두 타고난 운명, 그 팔자소관이라는 말에 공감할 수 없다. 가령 사주 팔자가 같은(간지의 여덟 글자가 같은) 사람은 지구의 하루 출생 인구를 감안하여 계산해 보면 그 숫자가 2만 명이 넘는다. 그런데 그들의 운명이 같아야 하는 모순을 어떻게 설명할 수 있겠는가.

만사만유(萬事萬有)는 모두 나오는 곳이 바로 태허(太虛)이다. 만유가 하나로 모여드는 곳이 바로 그곳이니, 주어진 생명과 내게 허용된 시간을 다만 열심히 살아가면 그것으로 운명이 되는 것, 그러므로 운명은 정해진 것이 아니고 만들어가는 것이다.

---

1) 당시의 임금은 세종, 또는 태조였다고 주장하는 사람들이 있지만 확실하지 않다.

2) 수원시, 《수원지명총람》, 1999, 142~143쪽.

3) 한글학회, 《한국지명총람》 전북 편 하, 366쪽.

부산 동래와 영도구 봉래산 외

영도의 신선 세계 중심이 되는 봉래산

東萊 影島區 蓬萊山

'동래(東萊)' 는 옛 동평현(東)과 봉래산(萊)에서 따온 이름

지금 부산의 옛 중심지가 바로 동래이다. 원래 부산은 동래부(府)에 딸린 포구였으나 1876년 개항과[1] 더불어 부산포는 일본인 조차지(租借地)로 크게 확장되었고, 1914년에는 부산부(府)와 동래군이 나뉘었다가 부산이 시가 된 뒤 1973년에 동래군을 흡수하여 오늘에 이른 것이다.

싸울 테면 싸우고, 싸우고 싶지 않거든 길을 빌려 달라.

— 왜장 고니시 유키나가

싸워 죽기는 쉬워도 길을 빌려주기는 어렵다.

— 동래부사 송상현

부산포와 동래. 대륙으로 가는 길목이자, 바다로 통하는 목구멍 같은 곳이다. 일본 도요토미 히데요시의 군대가 명나라를 치고자 하

부산 영도 다리 전경

니 길을 빌려 달라는 억지 명분으로 이 강토를 점령하기 시작했던 곳이며, 그때 동래부사 송상현과 관민 수천 명이 피를 뿌린 곳이다.[2)]

동래는 본래 장산국(萇山國) 또는 내산국(萊山國)이라는 부족국가였다가 신라가 차지하여 거칠산군(居漆山郡)이 되었으며, 757년(신라 경덕왕 16) 지금의 이름으로 고쳐졌으니 '동래'는 1천3백 년이 다 되어가는 오래된 이름이다.

그런데 왜 동쪽에서 오는 길목인 '동래(東來)' 가 아니고 '동래(東萊)' 가 된 것일까. 그 이름의 수수께끼는 바로 부산 영도구에 있는 봉래산(蓬萊山)에서 비롯된 것이다.

동래의 옛 이름이 내산국(萊山國)이요, 동래의 별칭이 봉래현(蓬萊縣)이며, 동래부사를 줄여서 내백(萊伯)이라 불렀는데, 이것이 모두 '봉래산' 의 '래(萊)' 를 따른 것이기 때문이다. 또 조선 고종 때(1864) 동래부사로 부임한 정현덕(鄭顯德)이라는 선비가 지은 가사 '봉래별곡(蓬萊別曲)' 을 '동래별곡(東萊別曲)' 이라 하는 것도 그 때문이다.

한편 뒷산이 가마솥처럼 생겨서 증산(甑山) 또는 부산(釜山)이라 하였다는 옛 동평현(東平縣)은 경덕왕 때 동래군의 속현이 되었는데, 이때 동평현과 봉래산에서 한 글자씩 취하여 지금의 '동래(東萊)' 가 된 것이다.

부산 영도(影島)는 원래 '절영도(絶影島)' 라고 불렀다. 삼국시대부터 나라의 말 목장으로 널리 알려진 곳이며, 이곳에 하루 천 리를 달리는 명마가 있어서 하도 빨리 달리므로 말 그림자가 보이지 않는다 하여 '절영도' 라 하였다. 그 절영도가 '영도' 로 바뀌어 말은 사라지고 그림자만 남은 것이다.

삼산(三山) 신앙의 봉래산(蓬萊山)을 일제가 고갈산(沽渴山)으로 고쳤다

고려 태조 7년 견훤이 절영도산 명마 한 필을 왕건에게 보내왔다. 그런데 그 뒤에 또 사신이 와서 그 말을 되돌려달라고 간청하였다. 이유인즉 절영도 명마가 고려에 들어가면 후백제가 망한다는 참언이 있었기 때문이란다(당시 이 지역은 후백제가 점령하고 있었다). 이 말을 듣고 태조가 웃으며 그 말을 돌려주었다고 하는데, 그만큼 절영도 말이 유명하였던 것이다.[3)]

바다 위 봉래산에
학을 타고 노니노라니
무지개 구름 사이로
봉래 궁궐이 솟았구나.
인간 세상은
참으로 풍파 밑에 잠겼으니
백 년 동안 괴로울 뿐
한가롭지 못하네.
(원문 생략)

— 김시습, <유산가>

김시습의 이 노래는 봉래산에서 내려다본 인간 세상의 고통과 그 부질없음을 말한다. 부산 영도구는 중심에 높이 394.6미터의 봉래산이 있고, 주위로는 청학동(青鶴洞), 영선동(瀛仙洞), 신선동(新仙洞), 신선대(神仙臺) 등이 있어서 영도 전체가 온통 도가적 지명이 붙은 신선 세계를 이룬다.

잘 알다시피 봉래산은 방장산(方丈山), 영주산(瀛洲山)과 함께 삼신산(三神山)의 하나요, 또 금강산의 여름철 이름이기도 하다. 원래 신선이 살고 불로초가 피어 있는 영산(靈山)으로서 산천초목과 짐승들은 모두 흰색이며, 궁전은 황금과 백금으로 지어져 있다고 한다. 수많은 인간들이 불로초를 얻기 위해 이곳을 찾아왔지만 불로초를 얻어서 나간 사람은 하나도 없다고 하며, 중국에서는 고대 제(齊)나라 때부터 삼신산을 숭배하는 제사를 지냈다고 한다.[4)]

> 소가(蘇暇) 선생 지금 어디에 있는가.
>
> 뜰 앞의 늙은 나무에는 새도 말 없네.
>
> 금귀(金龜), 백록(白鹿) 모두 보이지 않고
>
> 바위에 꽃만 피고 질 뿐 동산에 주인 없어라[5)]
>
> (원문 생략)

옛날 동래 지방은 소가(蘇暇), 김겸효(金謙孝), 최고운(崔孤雲) 등의 여러 현인이 놀았던 곳이므로 신선의 자취가 완연하여 그 이름을 딴 겸효대(謙孝臺), 소가정(蘇暇亭) 등이 있었다고 하며, 해운대(海雲臺)는 부산의 명승지이자 국제적인 명소가 되었다. 앞의 시에 나오는 소가는 흰 사슴을 타고 다니면서 금귀선인(金龜仙人)과 놀았다고 하는 전설적 인물이다.

봉래산은 제일 높은 조봉(祖峰)과 그 다음인 자봉(子峰), 그 아래 손자가 되는 손봉(孫峰)이 있으며, 섬이 고깔처럼 생겼으므로 고깔

산이라고 불렀는데,[6] 일제 때 이것을 일부러 목마르다는 뜻의 '고갈산(苦渴山)'으로 적었으니, 섬에 물이 마르면 사람이 살 수 없음을 비웃은 것 같다.

봉래산과 '청학동(青鶴洞)'이란 이름 역시 신선이 사는 이상 세계인 복지(福地)를 뜻하는 이름이요, '영선동(瀛仙洞)'은 '영주산 신선'을 줄인 말로서 '큰 바다 영(瀛)' 자가 영도에 딱 어울리는 이름이다. 또 '신선동(新仙洞)'은 신선(神仙)이 아닌 신선(新仙)으로서 '새로운 신선 세계'를 암시하고 있는 것 같기도 하다. 부산 영도 일대는 하늘도 바다도 동네도 온통 도가적 기운이 충만한 신선 세계로 읽어야 하는 것이다.

---

1) 1876년 강화 조약(한일 조약)에 따라 조선이 개항되었고, 이듬해인 1877년 조일수호조규 부록을 근거로 부산구조계조약이 맺어짐에 따라 일본인들이 조차지에 그들의 전관 거류지를 정하여 대거 몰려들게 된다. 그리고 해안 매립이 대대적으로 실시된다.

2) 이보다 앞서서 왜적은 맨 먼저 부산진성을 함락하여 이곳을 지키던 첨사 정발 장군과 군관민이 모두 전사하였다.

3) 지금도 영도에는 부산시 승마장이 있어서 말 목장에 서린 옛 역사를 떠올리게 한다.

4) 삼신산 신앙은 우리민족의 '삼산 신앙'과 통하는 것으로 보며, 이것이 뒤에 중국에서부터 오악(五嶽) 신앙으로 발전한 것으로 본다.

5) 민족문화추진회, 《신증동국여지승람》 동래현 고적조, 362쪽.

6) 영도의 봉래산에는 그 전에 고깔산 산제당이 있어서 산신을 모시고 매년 봄, 가을에 제사를 지냈다.

김포시 – 북한의 조강리와 유도(머머리 섬)

한 핏줄 할아버지 강에서 나누어진 아들 강, 손자 강

祖江里 留島

바다 – 모든 물을 받아들이는 만류귀종(萬流歸宗)의 끝

큰 강이건 작은 강이건 저마다 이름을 가지고 있지만, 바다로 들어가면 모든 강 이름은 없어지고 '바다' 라는 하나의 이름 속에 녹아들고 만다.

나뭇잎에 떨어진 한 방울 이슬이 모여서 개울을 이루고, 개울이 모여 시내가 되고, 이윽고 강물이 되어 도도하게 흐르다가 마침내 바다로 들어가는데, 이때 한 방울 이슬이 바닷물로 동화되는 과정이 참으로 경이롭다.

바다는 이 물, 저 물, 그 출신 성분을 따지지 않는다. 작은 이슬방울은 바닷물에 합류하는 그 순간 바다에 보태지는 것이 아니라 바다 그 자체가 되고 만다. 그 이슬 방울을 바닷물 어디에서 찾을 수 있겠는지 생각해 보라. 바다의 그 완벽한 포용력과 동화력이 놀라울 뿐이며, 완벽한 일체, 완벽한 평등에 찬탄하는 것이다. 바다야말로 모든 물의 조종(祖宗, 朝宗)이며, '만류귀종(萬流歸宗)' 이기 때문이다.

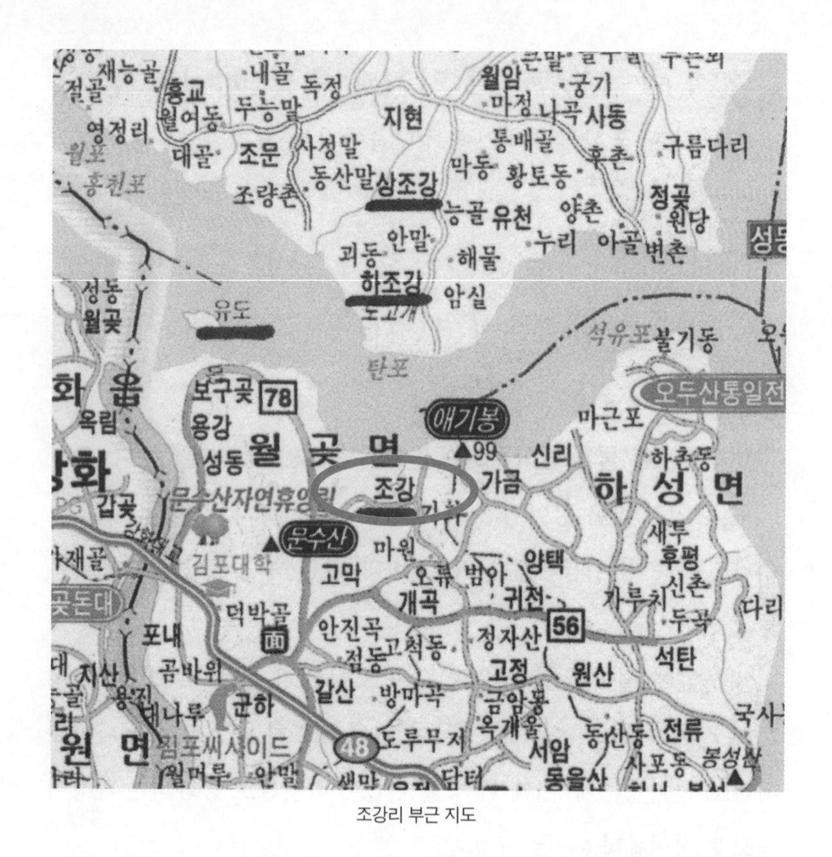

조강리 부근 지도

바다가 만류의 조종(祖宗)이라면 강물에도 조강(祖江), 곧 할아버지 강이 있다. 바다로 흘러 들어가는 강물은 그 제1 지류를 아들 강이라 할 수 있을 것이며, 제1 지류의 지류, 곧 제2 지류는 손자 강이 되는 것이다.

경기도 김포시 월곶면의 한강 하류에 조강리(祖江里)가 있고, 또 강 건너 북한 땅의 개성직할시 판문군의 강변에도 조강리가 있다. 여기서 말하는 조강은 우리 하천법에 나오는 그런 강 이름이 아니다. 지명으로만 남아 있는 강, 마을 이름이 되어버린 강이지만, 그 강은 가장 큰 강이요, 모든 강의 할아버지 같은 강이며, 바다 같은 강이기에 그 이름 또한 조강―할아버지 강이 되었다.

한강과 임진강의 하류로, 강 가운데로 보이지 않는 붉은 선이 그어지고 양쪽은 철조망으로 차단된 비무장지대의 강이 바로 조강이요, 그래서 이 강 양안(兩岸)의 남북한 두 마을도 이름이 '조강리' 가 된 것이다.

교하 앞에서 만나는 한강과 임진강은 서로 반가울 수밖에 없으리라. 두 강 모두 분단의 국토, 휴전선 철조망 밑을 흘러내린 강이니, 그 해후가 어찌 눈물겹지 않으랴. 그리하여 두 강물이 만나는 순간 "우리는 한 자손", "우리는 한 핏줄" 하면서 포옹하지 않았을까. 그러기에 이 강에 붙여진 조강―할애비 강(할아버지 강)이라는 이름은 또 얼마나 정겨운 이름인가.

여기서 한강의 계보를 '조강' 에 맞게 정리해 보면 조강(할아버지 강) → 아들 강(한강 · 임진강) → 손자 강(남한강 · 북한강) → 증손자 강(왕숙천 · 탄천 · 안양천 등) → 고손자 강으로 이어질 것이다.

남쪽 김포시 조강리는 일명 조강개, 조강포, 조강 나루라고도 불리며 옛날 개성으로 통하는 나루터였으나, 1953년 휴전협정에 따라 나루터가 폐지되었다.[1] 이 조강리의 애기봉(愛妓峰)에 전해지는 사연도 가슴 아픈 이야기로서, 병자호란 때 서로 사랑하던 평양감사와 애기(愛妓)의 이별과 그리움의 상처를 전해주고 있다. 이 애기봉이 해마다 성탄절에 맨 먼저 크리스마스 트리에 불을 밝히는 곳이 되었고, 애기봉 불빛은 오늘날 고향을 빤히 바라보면서 갈 수 없는 실향민들의 한(恨)과 원(怨)을 대변해 주고 있는 것이다.

머머리 섬에 머물러 있는 민족 분단의 비극

그대는 보지 못하는가?

남과 북의 두 물이 한강으로 합해지고

머머리 섬 지나 비로소

바다와 하나가 되는 것을……

또 그대는 보지 못하는가?

남과 북은 아직도 하나 되지 못하고

쇠사슬로 허리 묶은 채

그 강 위로 붉은 선을 그어 놓았음을.

이것은 1997년 필자가 당나라 시인 이태백이 쓴 〈장진주(將進酒)〉의 글투를 모방하여 발표한 적이 있는 어설픈 글의 일부이다.

김포시 조강리에서 서쪽으로 3킬로미터쯤 조강(한강) 가운데 있는 섬이 바로 머머리 섬, 곧 유도(留島)이니, 행정구역상 경기도 김포시 월곶면 보구곶리에 속한다. 동서 길이 약 1킬로미터, 남북 약 500미터쯤 되는 무인도로서 한강 하류의 휴전선 비무장지대 안에 있는데, 옛날 이 섬이 홍수로 떠내려 오다가 이곳에 머물렀으므로 머무른 섬-머머리 섬〔留島〕이라 부르게 되었다고 한다.[2)]

한강과 임진강이 만나서 바다로 들어가는 어구에 섬 하나가 이처럼 아슬아슬하게 머물러 있음은 무엇을 뜻하는 것일까. '머무름'은 민족의 정체(停滯)요, 발전의 장애이며, 이산가족의 한과 눈물의 축적일 뿐이다. 머무른 채 고여서 썩어가는 분단의 시간, 역사 밖을 겉도는 낭비와 소모의 시간, 그 역사의 질곡에서 헤매는 민족의 시간이 바로 이 머머리 섬에 머무르고 있는 것이다.

이곳에서 바라보면 서로 다른 물줄기인 한강과 임진강이 이곳에 이르러 거침없이 어우러지는 모습을 보게 된다. 망설임도, 주저함도 없이 강물은 연인처럼, 이산가족의 상봉처럼 기꺼이 어우러진다.

그래서 이곳을 고구려 때는 '어을매(於乙買)'라고 불렀는데, 그 뜻은 어울리는(어을) 물(매)이라는 뜻이다. 그 '어울리는 물'이 신라 경덕왕 때 뜻 새김 되어 지금의 '교하(交河; 물이 사귄다)'로 바뀐 것이다.

이 머머리 섬에 내 생각이 처음 머무른 것은 1996년 여름 홍수 때의 일이다. 이때 홍수에 밀려온 북한의 소가 이 섬에 걸려서 머무르다가 1997년 2월 우리 국군에게 무사히 구출되었고, 그 뒤 경기도 김포의 어느 축산농가에서 잘 살고 있다고 보도되었다. 그리고 그 소는 천수를 누리고 죽었는데, 2008년 1월 무렵 김포시에서 한강 하류에 그 소의 모형을 세워 머머리 섬의 소를 기념한다는 기사가 보도되었다.

폭우에 휩쓸려 온 남북한의 쓰레기가 머물고, 홍수에 떠밀려 온 북한의 소가 머물고, 남북한 이산가족의 한이 머물고, 이미 퇴색해

버린 동서 양 진영의 이데올로기가 아직도 머무르는 머머리 섬은 조강=할아버지 강이라는 이름과 함께 언제 들어도 가슴을 저미는 아픔으로 다가온다.

---

1) 한글학회, 《한국지명총람》 경기도 편, 김포시 월곶면.

2) 여기서 머머리 섬의 '머'는 옛 말 '매' = 물이므로 머(매)머리는 곧 물머리, 곧 수종(水宗)의 의미가 있으며, 조강=할애비 강의 의미와 서로 통한다. 또 머머리 섬은 그전에 뱀 섬 또는 사도(蛇島)라고도 불렀는데, 이 섬에 큰 이무기가 살았기 때문이라고 한다.

공주시 효자 향덕비, 효포(옛 효가리)와 혈흔천

자기 허벅지 살로 부모 살린 향덕은 역사 속 실존 인물

向德碑 孝浦 孝家里 血痕川

효의 귀감으로 전해지는 공주의 출천대효(出天大孝)

봄에 곡식이 귀하여 백성들이 굶주렸다. 웅천주에 사는 향덕이란 사람이 가난하여 그 아버지를 봉양할 수가 없었으므로, 자기 다리의 살을 베어 그 아버지께 먹였다. 왕이 이 소문을 듣고 그에게 물자를 많이 내리고, 이어 정문을 세워 표창하였다.[1]

효는 인륜의 기본이다. 내 몸이 부모님과 조상에게서 주어진 것이니 부모를 받들어 모시고 조상을 섬기는 것은 자손된 자로서 첫 번째 도리요, 인간이 지켜야 할 본분이다.

그래서 언제 들어도 '효' 에 관한 이야기는 정겹고 주위를 훈훈하게 한다. 갈수록 세상은 각박해지고, 도덕이 해이해져 가고 있지만, 인간이 지켜야 할 마지막 도리가 바로 '효' 이기 때문이다.

충청남도 공주시에서 금강 남쪽의 강변도로를 따라 동쪽으로 가다가, 신공주대교 못 미쳐서 남쪽으로 우회전하여 소학동 쪽으로 나

공주의 효자 향덕비각

가면 납다리(효포)마을이 있고, 부근에 신라 때 효자 향덕비와 비각, 그리고 천년 고목(느티나무)이 서 있는 초라한 공원이 나온다.

우리나라 어느 고을을 가보아도 대개 옛 사람들의 효행과 관련된 이야기나 효자비, 또는 비각이 서 있지 않은 곳이 없다. 그런 수많은 효행설화 가운데서도 효자 향덕의 이야기는 《삼국사기》, 《삼국유사》, 《동국여지승람》, 《명심보감》, 《대동운부군옥》 등 옛 문헌 곳곳에 실려 있는 참으로 우리 민족 효의 본보기로 손꼽힐 사실(史實)이다.

소학동 납다리 마을에서 논산 가는 쪽으로 '높은 행길' 이라는 곳이 나오는데, 이 길가에 오래된 느티나무 고목이 있고, 이곳에 부러진 비석과 새로 세운 비석들을 모아놓은 비각이 있다. 바로 이 반이

효자 향덕비각 앞에 서 있는 느티나무

떨어져 나간 부러진 비석이 효자 향덕비이며, 신라 경덕왕 때에 세운 정려(旌閭)는 오랜 풍우로 닳아 없어진 지 오래 되었다.

경덕왕 때에 전국에 흉년이 들고 이 마을에 돌림병이 번져서 가난하게 살았던 향덕의 부모가 병으로 눕게 되었다. 향덕은 부모님을 지극 정성으로 봉양하면서 간호하고 온갖 약을 다 써보았으나 병이 낫지 않았다. 이때 그 병에는 사람 고기를 먹어야 낳는다는 소문이 있으므로 향덕이 자기의 허벅지 살을 베어 부모님에게 짐승의 고기라고 속여 봉양하였다.

그리고 또 상처가 아물지 않았는데도 동네 앞 냇가에 나가 고기를 잡으니, 얼음 조각이 상처를 찔러서 피가 흘러 냇물을 붉게 물들였다. 향덕의 정성으로 마침내 부모님의 병을 고치게 되었는데, 왕에게 그 효행이 알려지자 나라에서 벼 300석과 집 한 채, 그리고 약간의 토지를 내리고, 이듬해에는 정문과 비를 세웠으며, 그 동네를 효가리라 부르게 하였다.

이곳을 '효' 사상 고취할 효도 공원으로 성역화해야

지금 소학리(巢鶴里)의 '소', 샤 섬(씨학 섬)의 '시야', 소개-효포(孝浦)의 '소'는 모두 효가리의 '효(孝)'가 변한 말로 보고 있다.[2)]

이 향덕의 효행에 힘입어 효포(孝浦)니, 효가리(孝家里.院)니, 혈흔천(血痕川)이니 하는 이름들이 지명으로 남아 공주가 낳은 출천대효(出天大孝)의 향기로운 이름을 전해주고 있으니, 지명과 인물이 어우러져 참으로 아름다운 이야기를 기록하고 있지 않은가.[3)]

오조사정(烏鳥私情)이라는 말이 있다. 까마귀가 자라면 그 어미에게 먹이를 물어다 먹인다는 나온 말로, 까마귀를 따로 효조(孝鳥)라고도 부른다. 그러나 오늘날 우리 사회의 '효'는 어떤가. "한 부모는 열 아들을 기를 수 있으나, 열 아들은 한 부모를 봉양하기 어렵다"는 옛말대로 성장한 자식들은 부모님 모시기를 꺼리고 있다.

수많은 자식들이 부모를 양로원(또는 노인요양원 등)에 맡기고 있다. 그런 현상은 자식들의 경제활동과 생활방식이 도시화, 산업화, 핵가족화 되어가는 과정에서 생겨나는 어쩔 수 없는 사회적 추세라고 볼 수도 있을 것이다.

그러나 부모의 재산 상속을 바란 형제 사이의 다툼이나 소송, 노

부모를 내다버리는 자식의 비정함 같은 눈살을 찌푸리게 하는 행태들이 보도될 때마다, 무너져가는 우리 사회의 '효'에 대하여 다시 생각해 보게 되는 것이다.

한번 공주의 효자 향덕비를 살펴보라.

반 토막으로 부러져 있는 향덕비의 존재 자체가 우리 사회의 부러진 효 사상, 잘못된 효를 나타내고 있는 것 같다. 그리고 또 있다. 효자비 앞에 있는 수명 1천 년이 넘어 보이는 큰 느티나무(둘레가 12미터 이상 될 것이다)도 한쪽으로 철제 기둥을 받쳐서 간신히 그 생명을 유지하고 있다. 그 나무의 모습이 어쩌면 그렇게 지팡이를 짚고 허리 구부러진 연로한 노인 모습으로 비쳐지는 것일까. 이 나무 또한 역시 우리 사회의 무너져가는 '효'를 대변하고 있는 것이다.

충청도에서도 공주 지방은 특히 효자와 열녀를 많이 배출한 고장이다. 이를테면 이곳 신기동의 '시묫골'만 해도 옛날 효자 회덕이 시묘를 살았던 곳이라고 한다. 출천지효로서 역사적 인물이 된 효자 향덕은 진정 공주시의 자랑이요, 긍지라고 할 수 있다. 공주시가 이곳 향덕비와 느티나무 일대를 잘 정비하여 전국 제일의 '효도 공원'으로 조성하면 어떨까. 그리하여 학생들에게 효 사상을 가르칠 수 있는 학습과 역사 교육의 순례 장소로 성역화한다면 우리 사회의 '효' 사상을 일깨우는 기념비적인 사업이 될 것이다.

어버이를 사랑하는 사람은 남을 미워하지 않고

어버이를 존경하는 사람은 남에게 오만하지 않다.

《효경(孝經)》에 나오는 이야기이다. 오늘날 부모가 자식과 함께 살기를 바란다거나, 자식에게 노후를 의지하려는 경향은 눈에 띄게 줄어들고 있다. 그러나 어떤 경우에도 자식의 부모에 대한 존경과 사랑〔孝〕의 의무는 반드시 존재하며, 이것은 국가와 사회적 책임으로 보장되어야 한다.

---

1) 김부식(김종성 해설), 《삼국사기》 신라본기 제 9 경덕왕 14년, 도서출판 장락, 1999, 158쪽.
2) 백제문화개발연구원, 《백제문화권역의 효열설화연구》, 1984, 188~189쪽. 여기서 '효' – '소'의 변화는 '형(兄)' – '성'의 변화와 같은 예이다.
3) 효자 향덕이 살았던 곳은 그 뒤에도 효자가 줄줄이 나와서 근래까지 효맥을 이어갔다고 한다(이규태, 《한국인의 의식구조 2》, 278쪽).

신안군 가거도(소흑산도)

에메랄드 빛 서쪽 바다의 막내둥이, 가거도로 가거라

可居島

우리 국토의 동쪽 끝은 독도, 남쪽 끝은 마라도, 서쪽 끝은 가거도지만, 그 가운데 가장 덜 알려진 국토의 막내둥이가 바로 가거도이다. 일제 때부터 불러온 이름인 '소흑산도' 하면 그제야 '아' 하고 고개를 끄덕이는 곳이다.

동경 125도 7분, 북위 34도 4분. 목포에서 직선거리로는 서남방 145킬로미터, 뱃길로는 233킬로미터, 흑산도에서 80킬로미터, 목포에서 쾌속선으로 가도 빨라야 4시간 20분은 걸리며, "중국에서 새벽 닭 우는 소리가 들린다"는 우스갯말이 실감나는 곳이다.

사실 해맞이 시간으로 본다면 가거도는 일출을 가장 늦게 보는 곳이니, 우리 국토의 막둥이며, 반대로 저물어가는 해를 가장 늦게까지 볼 수 있는 서해 낙조의 명소가 또한 가거도이다. 떠오르고 지는 태양을 보면 인간사의 '시작'과 '끝'에 대한 감정도 가거도에서는 남다를 수밖에 없다.

그런데 이 조그만 섬에 전남 신안군에서 제일 높은 해발(바다 가운데 솟아 있으니 사실 '해발'이라는 말을 쓰기도 우습다) 639미터의 독실

가거도의 독실산 기슭

산이 우뚝 서 있다.[1] 서울 관악산보다도 조금 더 높으며, 산꼭대기에는 '하늘 별장' 으로 일컬어지는 경찰 레이더 기지가 있어서 주변 해양을 감시하고 있다.

이곳 독실산에 오르면 망망한 바다 가운데서 가거도 주변의 섬과 끝없는 바다를 멀리 조망할 수 있으므로, 그 특별한 경험을 위하여 최근에 이 산을 찾아 오르는 육지 사람들이 많다고 한다. 또 유럽을 여행해 본 사람들은 이곳이 '에게 해의 어딘가에 있는 섬' 처럼 느껴

진다고도 한다.

가거도는 '가가도(嘉佳島, 可佳島)' 라고도 하였다. 그 글자의 자의(字意)대로 풀이하여 '아름다운 섬' 을 뜻하며, 또 1896년부터 불러온 '가거도(可居島)' 는 이름 그대로 '사람이 살 만한 섬' 이라는 뜻이다.

그런데 가거도는 '깎아지른' 듯한 독실산이 있어서 생긴 이름으로 보인다. 한 쪽에서 보면 거의 45도에 가까운 경사로 솟아 있는 험한 산인데, '가가도' 니 '가거도' 니 하는 이름들이 이 '깎아(한자로 '가가')지른' 듯한 산봉우리에서 비롯되었을 것이다.

섬 안에는 대리(大里; 일리), 항리(項里; 이리), 대풍리(일명 大北里; 삼리)라는 3개 마을이 있고, 해안 곳곳에는 장군바위, 망부석, 기둥바위, 망향바위, 남문, 해상 터널, 돛단바위, 국굴도 같은 기암괴석과 풍경이 아름다운 해수욕장 등이 있어서 정겨운 옛 이야기를 전해주고 있다.

또 개가망치찍어문데〔망추여 북쪽 후미, 개가 망치(망상어)를 찍어 먹은 곳〕, 태중이나태여분여〔구멍개 남쪽에 있는 여(물속에 잠겨 보이지 않는 바위), 태중이가 낚시하다가 낚싯대가 부러진 곳〕, 산지엄애이난여(돛단바우 남쪽에 있는 여, 산지 어머니가 부근에서 고기 잡다가 아이를 낳은 여), 하문이절맞은폭두락(장갓살 남쪽 후미, 하문이가 절하던 곳인데 지형이 폭 들어간 곳), 신녀빠진여(신네네 밭 및 북쪽에 있는 여, 부근에서 신녀가 빠져 죽었다고 함) 등 섬 사람들의 생활과 애환이 담긴 지명들이 여러 곳에 남아 있어서 더욱 끌리는 곳이다.

섬 전체가 낚시포인트로서 우럭·돔·농어·불볼락 들이 나오고, 해삼을 비롯한 각종 자연 해산물(양식장이 없다)이 지천이니 가거도는 분명 살 만한 섬이요, 그래서 꼭 한번 가보라고 권하고 싶은 섬이다. 가거도에 사람이 살기 시작한 것은, 이곳에서 발견된 패총(조개무지)을 근거로 이미 석기시대부터였을 것으로 여겨지나, 구체적으로는 5백 년 전부터 이곳에 취락이 형성된 것으로 보고 있다.

1천여 년 전 중국의 곽희(郭熙)라는 화가가 산수화의 소재로서 풍광에 대하여 아래와 같이 설명하였다.

> 세상 사람들이 진지하게 산수를 논하기를,
>
> 산수에는 그저 한 번 지나쳐볼 만한 곳[가행(可行)],
>
> 멀리서 바라볼 만한 곳[가망(可望)],
>
> 한가롭게 노닐어 볼 만한 곳[가유(可遊)],
>
> 머물며 살아볼 만한 곳[가거(可居)]이 있다.

그리고 산수화의 품격은 가행(可行)이나, 가망(可望)이나, 가유(可遊)보다는 가거(可居)가 더 높다고 하였다.[2)]

가거도로 가거라.

그리하여 이곳에 정착하며 머물지는 못할지라도, 저물어가는 풍경이나 아침의 일출과 함께 가거도 풍광을 화폭에 담거나, 카메라에 저장하거나, 아니면 산을 오르면서 느껴보라. 저 무량광대한 바다

가운데서 내 존재의 시작과 끝의 의미를 반추해 볼 일이다.

---

1) 독실산은 독실 골짜기의 뒤가 되는 산인데, '독실' 이라는 이름은 돌이 많기 때문에 생긴 이름이라고 한다.
2) 중국의 화가 곽희의 화론 〈임천고치(林泉高致)〉에 나오는 말이라고 함〔《월간 국토와 건설》(현 《건설교통저널》)에 소개된 황기원 선생의 글에서 인용함〕.

상주시 의우총

건국 이래 처음 장례 치러준, 의로운 소의 죽음

義牛塚

소는 의로운 짐승, 동물 중의 부처요 성자

> 소! 소는 동물 중에 인도주의자다. 동물 중에 부처요 성자다. 아리스토텔레스의 말마따나 만물이 점점 고등하게 진화되어 가다가 소가 된 것이니, 소 위에 사람이 있는지 없는지는 모르거니와, 아마 소는 사람이 동물성을 잃어버리고 신성에 달하기 위하여 가장 본받을 선생이다.
>
> — 이광수, <우덕송(牛德頌)>

〈삼강행실도〉에는 소가 호랑이와 싸워 주인을 구하고 죽은 이야기가 있고, 충청·경상 지방의 지명(地名)에도 소가 주인을 구하고 죽음으로써 생긴 지명이 나타난다.[1] 소는 의를 상징하는 동물이다.

한문의 '희생(犧牲)' 이라는 글자는 모두 '소 우(牛)' 변으로 시작되는데, 이것은 신에게 바치는 희생물로서 고대부터 소가 제사에 사용되었기 때문이요, 한문의 '고할 고(告)' 자도 '소 우(牛)' 자 밑에 '입 구(口)' 자를 더한 것으로 인간이 신에게 소를 바치고 소원을 빌었기 때문이다.

우리나라의 속담에 "소는 농가의 조상"이라는 말이 있다. 농촌에서는 소가 농사일의 주축이 되므로 조상처럼 위한 데서 생겨난 말이다. 또 소를 농촌에서 생구(生口)라고 불렀는데, 이것은 '산 입'을 뜻한다. 생구란 소를 가족이나 하인과 마찬가지인 식구로 대접했기 때문에 생긴 말로서 소가 농경사회에서 없어서는 안 될 존재였기 때문이다.

율곡 이이(李珥) 선생은 후손들에게 자신의 제사상에는 쇠고기를 아예 올리지 말도록 당부하였다. 그는 사람이 소를 평생 동안 힘들게 부려먹고, 또 소가 죽은 뒤 그 고기를 취하는 것은 어질지 못한 짓이라고 하였다. 이것은 중국인들이 원래 소고기를 먹지 않았던 이유와 같다.

소는 풍요와 대지를 상징한다. 동서고금을 막론하고 소가 넉넉함과 여유로움을 상징하는 것은 소의 느긋함과 되새김질, 그리고 순박한 모습이 그의 덕성으로 인식되었기 때문이다. 인도에서 소는 세계의 창조자이자 양육하는 존재로서 숭배되었고, 고대 이집트에서는 소의 신이 자연과 죽음을 상징하였다. 또 심리학에서 암소는 대모(大母)를 뜻하였는데, 이것은 어미 소가 송아지를 핥아주는 지극한 사랑을 사람이 본보기로 여겼기 때문일 것이다.

할머니 묘소와 빈소를 찾아 조문한 소 누렁이

소의 덕을 칭송하려면 한이 없지만, 특히 불교에서는 사람의 진면목을 소에 빗대었다. 그리하여 십우도(十牛圖)라는 그림으로 선

(禪)을 닦고 마음을 수련하는 순서를 설명하고 있다.

1. 심우(尋牛): 소를 찾아 나서는 것.
2. 견적(見迹): 소의 자취를 보는 것.
3. 견우(見牛): 소를 보는 것.
4. 득우(得牛): 소를 얻는 것.
5. 목우(牧牛): 소를 기르는 것.
6. 기우귀가(騎牛歸嫁): 소를 타고 집으로 돌아옴.
7. 망우존인(忘牛存人): 소를 잊고 본래의 자기만 존재함.
8. 인우구망(人牛俱忘): 자기와 소를 다 잊음.
9. 반본환원(返本還源): 본디 자리로 되돌아감.
10. 입전수수(入廛垂手): 궁극의 자리, 광명의 자리로 들어감.

십우도는 소를 찾고, 얻고, 얻은 뒤에 회향(回向)할 것 등 수련자가 참 마음을 배양하는 법과 깨달음의 실체를 소에 빗대어 가르치고 있는 것이다.

필자가 이처럼 소에 대하여 장황하게 설명하는 것은 2007년 1월에 죽은 경상북도 상주의 '의로운 소'를 이야기하려 함이다.

상주시 사벌면 묵상리 임씨 할머니 집에서 기르던 한우 누렁이가 죽었다. 이 소는 당시 19세의 나이로서, 사람의 나이로 치면 약 80세에 해당하는 고령이라고 한다. 이 소가 '의로운 소'로 널리 알려지게 된 것은 1994년의 일이다.

의우총 앞에 걸린 현수막

그해 어느 날 갑자기 집안에 있던 소가 보이지 않아서 마을 일대를 찾아다녔는데, 누렁이는 2킬로미터나 떨어진 산 중턱의 어느 할머니 무덤 앞에서 발견되었다. 이 무덤은 누렁이의 이웃집에 살던 김보배 할머니의 묘소로서 사흘 전에 숨져서 장례 지낸 묘소였다.

발견 당시 누렁이는 김 할머니의 묘소를 바라보며 눈물을 흘리고 있어서 주인이 달래 겨우 마을로 데리고 돌아왔는데, 누렁이는 마을에 들어오자 바로 주인의 손을 뿌리치고 이웃집 김 할머니의 집으로 들어가 빈소 앞에 버티고 서서 꼼짝도 하지 않았다고 한다. 이것을 보고 마을 주민들이 크게 감동하여 묵상리 마을 어귀에 '의로운 소'라는 비석을 세웠다.

그런데 작고한 이웃집 김보배 할머니는 생전에 누렁이를 몹시 귀히 여겨서 항상 누렁이를 만나면 쓰다듬고, 먹이를 주는 등 끔찍하게 사랑하였다고 한다. 그 뒤 2006년 말부터 노쇠해진 누렁이가 아프기 시작하여 먹이도 잘 먹지 않고 죽을 날만 기다리게 되었는데, 이때 김 할머니의 사진을 누렁이 앞에 놓자 소가 혀로 사진을 핥으며 눈물을 흘렸다고 한다.

2007년 초 누렁이가 죽자 묵상리 마을에서는 소를 백포로 싸고 상여에 실어서 장지(葬地)인 상주시 경천박물관 옆 시유지로 운구하였는데, 이 운구행렬에는 조화(弔花)만 20여 개가 뒤따랐다고 하며, 이런 장례는 건국 이래 처음이었다고 한다.

우리나라에는 의로운 소의 죽음을 기리는 소무덤(의우총)이 몇 군데 있다.[2] 필자가 상주시의 의우총을 확인하려고 2007년 6월 경천박물관을 찾아가보니 박물관 옆에 임시로 만들어진 누렁이의 가묘(假墓)가 있고, 그 옆 소나무에는 누렁이의 행적을 알리는 현수막이 걸려 있었다. 상주시는 앞으로 누렁이의 행적을 널리 알리는 한편 '의우총 건립 추진위원회' 를 만들고 누렁이의 묘를 공원처럼 새로 꾸밀 것이라고 한다.[3]

---

1) 경상북도 구미시 산동면 의우총, 충남의 황소고개 등

2) 의우총(義牛塚)은 앞에서 소개한 구미시 산동면과 구미 시내 등 몇 군데에 아직도 남아 있다.

3) 《조선일보》, 2007년 1월 13일자. '상주 의로운 소' 에 관한 신문 기사 참조.

전주시 덕진호

연꽃 향기 맡고, 꽃피는 소리 듣는 풍류의 덕진 못

德津湖

키 크고 잎 넓은 하화(荷花), 키 작고 물에 뜨는 연화(蓮花)

보리수 아래에서 깨달음을 얻은 석가모니의 눈에는 사람들이 호수의 연꽃으로 보였다고 한다. 어떤 것은 진창에 있고, 어떤 것은 진창을 벗어나려고 안간힘을 쓰고, 어떤 꽃은 못 위에 우뚝 솟아 꽃을 피운 모습 등이 고해를 해매고 있는 중생의 모습으로 비쳤을 것이다.

불교와 연꽃의 인연은 아주 긴밀하다. 아니 긴밀하다기 보다도 불화(佛花)가 곧 연꽃이라고 해야 옳다. 연꽃은 팔보(八寶)의 하나로서 불타의 발바닥에 그려진 상서로운 기호이며, 불교의 교리를 상징하는 만다라(曼荼羅)는 연꽃으로 표현되므로 연꽃을 만다라화라고도 한다. 또 인당수에 빠져 죽은 심청이가 연꽃에 실려 인간 세상에 다시 태어나는 것처럼 연꽃은 환생을 상징한다.

내가

돌이 되면

돌은

연꽃이 되고

연꽃은

호수가 되고

내가

호수가 되면

호수는

연꽃이

되고

연꽃은

돌이 되고

— 미당 서정주, <내가 돌이 되면>

원래 연꽃은 물 위로 줄기가 높이 솟고 잎이 큰 것을 하화(荷花)라 하고, 수면에 작은 잎이 떠 있고 꽃줄기가 수면에서 약간 솟아 있는 것을 수련(睡蓮) 또는 연화(蓮花)라 부르는데 우리나라에서는 이 하화를 연꽃으로 부르고 있다.[1)]

《아미타경(阿彌陀經)》에서 연꽃은 극락정토를 상징하는 아미타여래의 세계이고, 《무량수경(無量壽經)》에서는 정토에 생명을 탄생케 하는 화생(化生)의 근원으로 설명하고 있다. 그러므로 모란이 세속의 부귀를 상징한다면, 불가에서 연꽃의 궁극의 가르침은 윤회(輪廻)이며 미당의 시는 연꽃으로 상징되는 윤회를 노래한 것이다.

전주 덕진 연못에 펼쳐진 연밭

불교를 떠나 민간에서도 연꽃은 씨주머니 속에 많은 씨앗이 들어 있으므로 풍요와 다산을 상징하였고, 부인들의 자수나 의복의 무늬, 건축물이나 사찰의 벽화들에 연꽃이 나타나고 있다. 또 연꽃이 처음 인도에서 중국으로 전해진 뒤에는 군자나 고고한 선비의 기풍을 뜻하여 북송의 주돈이(周敦頤)는 이를 화중군자(花中君子)라 불렀다.

> 내가 오직 연꽃을 사랑함은, 진흙 속에서 났지만 더러움에 물들지 않고, 요염하지 않으며, 속이 소통하고 밖이 곧으며, 덩굴지지 않고 가지가 없기 때문이다. 향기가 멀수록 더욱 맑으며, 깨끗이 우뚝 서 있는 품은 멀리서 볼 것이요……

이것은 그의 〈애련설(愛蓮說)〉의 일부이다.

풍수 상 전주 북쪽 열린 곳을 둑으로 비보(裨補)한 연못

지금은 없어졌지만 서울에는 남대문 밖에 남지(南池: 서울역 부근), 천연동에 서지(西池), 동대문 안에 동지(東池)라는 연꽃이 피는 못이 있었고, 또 각 고을에도 대개 성안에 연지(蓮池)가 있어서 화재가 났을 때에는 이 물로 불을 끄고, 보통 때에는 풍치와 미관을 돕게 하였다.

"상주 함창 공갈 못에 연밥 따는 저 큰 애기…"로 시작되는 채련곡(採蓮曲)은 널리 알려진 민요이며, 전국에 많은 연지가 있다. 그 가운데 필자가 대강 기억하는 것만 해도 조선 세조 때 명나라에서 가져온 연꽃 씨를 우리나라에 처음 심었다는 시흥의 관곡지, 그리고 부여의 궁남지와 함께 전주시의 덕진 연못도 유서 깊은 연지의 하나이고, 최근에 유명해진 연꽃 밭으로서 국내 최대 규모를 자랑하는 무안 회산 백련지를 꼽을 수 있을 것이다.

전주 덕진호는 약 4만 평이 넘는 큰 연못으로서 전주시 덕진구와 덕진동이라는 명칭도 이 못에서 비롯된 것이다. 덕진지는 원래 전주 고을의 풍수비보(風水裨補)를 위하여 만든 못인데, 신라 말기 도선(道詵) 국사가 조성했다고도 하고,[2] 18세기 후반 전라감사로 내려온 이서구(李書九)라는 사람이 제방을 쌓았다고도 하는데, 뒤의 설이 옳은 것 같다.[3]

풍수지리상 전주는 임실과 남원으로 통하는 남쪽이 지세가 높은 산으로 되어 있고, 북쪽은 열려 있는 남폐북방(南閉北放)의 형세이므로, 북쪽 지세를 보강하기 위해서 전주 북쪽에 있는 높이 1백여 미터 안팎의 가련산(可連山, 또는 可憐山) 사이에 제방을 쌓아서 북쪽을 비보(裨補)하여 생겨난 못이 오늘의 덕진호이다.

연꽃은 향기로 이름이 높은 꽃이다. 원래 꽃향기는 이른 봄 달빛에서 맡는 매화의 암향(暗香), 4~5월에 맡는 라일락 향기, 한 여름의 연향(蓮香), 11월 초에 피는 만리향(萬里香)을 4대 향으로 꼽는다고 한다.[4)]

특히 7~8월 덕진 연못의 연꽃 향기는 사람의 머리를 맑게 하면서 여름철에는 그 향이 기를 보충한다고 하며, 옛 선비들은 청개화성(聽開花聲)이라 하여, 이른 새벽녘 연못에 나와 혼자서 조용히 배를 띄우고 연꽃이 필 때 꽃잎이 벌어지는 미세한 소리를 들으며 즐겼다고 한다.

또 연꽃을 이야기하다 보니 생각나는 술 이름이 있다. 바로 '여의주(如意酒)' 이다. 용의 턱 밑에 있다는 그 여의주(如意珠)가 아니다. 고사(故事)에 따르면 옛 사람들이 연꽃을 따서 술을 빚는데, 이때 웃으면서 연꽃을 따서 술을 빚으면 이 술을 마신 사람이 잘 웃게 되고, 또 춤을 추면서 연꽃을 따서 술을 빚으면 이 술을 마신 사람이 춤을 추게 된다는 것이다. 모두가 풍류를 즐기던 옛 사람들의 말이니 어디까지 참말인지 알 수 없다.

덕진 못가에는 연꽃 향기에 취한다는 뜻의 취향정(醉香亭)이 있는데, 원래 친일파 인사가 소유하던 것을 전주시에서 환수한 것이며,

이 밖에도 풍월정(風月亭) 등 여러 정자가 있다. 한편 연못 근처에 있던 동네는 그 이름도 아예 '연화(蓮花; 탱기동)'라 불렀다.

이 덕진 못의 '덕(德)'은 둑이나 제방을 뜻한다. 홍양호의《북새기략》에도 '고부왈덕(高阜日德)'이라 하여 흙으로 돋운 땅을 '덕'이라 하였다. 이는 오늘날의 둔덕, 언덕, 마루턱과 통하는 말이다. 또 가련산의 '가련(可連)'은 아름다운 연꽃을 뜻하는 '가련(佳蓮)'으로 연상되기도 하고, '가련(可連)'은 덕진 연못의 제방이 전주 북방의 허한 곳을 보강함으로써 건지산과 이어지게 할 수 있었다는 뜻이 되기도 한다.

중국에서는 연꽃이 화(和)와 합(合), 곧 남녀 사이의 화목과 사랑의 합일(合一)을 뜻한다고 한다. 전주의 대표적 음식이 바로 비빔밥이다. 비빔밥은 여러 가지 음식 재료가 화합하여 뛰어난 맛을 냄으로써 화이부동(和而不同)의 합일(合一)을 상징한다. 그러니 덕진 못이 많은 사람들의 사랑을 받고 젊은이들에게 '연인들의 장소'로 일컬어지는 이유를 알 것 같다.

---

1) 그러므로 우리가 식용으로 삼는 연뿌리〔蓮根〕는 하근(荷根)이라 불러야 옳으며, 수련의 뿌리인 연근은 식용으로 사용하지 않는다.

2) 한글학회,《한국지명총람》전북 편 하, 354쪽.

3) 이보다 앞선 조선 시대의《신증동국여지승람》이나 다른 문헌에는 덕진 연못이 나오지 않는다.

4)《조선일보》,〈조용헌 살롱〉417회.

서울 노원구 밑바위

절묘한 여근 형태, 우리나라 여근바위의 으뜸

대음순, 소음순, 돌기까지 적나라한 여자 상징물

알타이 신화에 따르면 태초에 혼돈 속에서 음과 양이 갈라졌는데, 이때 밝고 맑은 것은 위로 올라가서 하늘이 되고, 어둡고 흐린 것이 아래로 가라앉아 땅이 되고, 그리고 반고(盤古)가 생겼다고 한다. 그는 혼돈한 가운데서 음과 양의 두 기운을 중화(中和)하여 태어난 인류의 시조이다.

이 신화에서 천지만물이 생겨나게 된 것은, 반고의 죽음으로 그 몸이 이 세상의 모든 것을 이루었기 때문이라고 하였다. 그가 내뿜었던 숨은 바람과 구름이 되고, 목소리는 천둥소리가 되고, 왼쪽 눈은 해가 되고, 오른쪽 눈은 달이 되고, 그의 사지(四肢)와 오체(五體)는 하늘과 땅의 사극(四極)과 오방(五方)의 산이 되고, 피는 강물이 되고, 힘줄과 맥은 지리(地理)가 되고, 살갗의 털은 초목이 되고, 이빨과 뼈는 쇠와 돌이 되고, 땀은 비와 늪이 되었다는 것이다.

참으로 허황된 이야기 같지만, 삼라만상을 한 사람의 인체로 풀어본 것은 천지, 음양, 선악, 남녀, 명암 같은 상대적인 근본 원리가

불암산 원경

중화(中和)를 거쳐 대화(大和)로 통하는 세계관을 잘 나타내고 있어서다. 그리고 인간과 자연의 융화(融化), 궁극적으로 사람과 자연이 하나가 되어야 하는 대자연법과 통하고 있는 것이다.

서울 노원구 중계동 산 101번지에 '밑바위' 라고 부르는 큰 바위가 있다. 세상에 여자의 성기를 이처럼 절묘하게 닮은 바위가 또 있을까? 사진에서 볼 수 있듯이 대음순, 소음순, 배뇨관과 작은 돌기까지 너무도 적나라하다. 대자연이 아무런 의도 없이 여성의 중요한 부분을 이처럼 절묘하게 나타냈다는 것이 믿기지 않을 만큼 경이롭다. 여자의 성기처럼 생긴 상징물들은 대개 '보지바위' 니, '씹바위' 니 하고 부르는 경우가 대부분인데, 이 바위 이름은 에둘러 '밑바위' 라고 하였으니, 그것은 이 바위의 생김새가 너무도 적나라하게 닮아서

불암산 밑바위

구태여 외설스런 이름을 붙일 필요가 없었기 때문일 것이다.

폭 10미터, 바위 밑 둘레 약 26미터, 높이 5~6미터, 전체적으로는 여성의 궁둥이가 하늘로 향하고 있는 모양이며, 그 형상이 너무도 절묘하여 그전에는 마을어른들이 이 바위 근처에는 아이들을 가지 못하게 하였다는 이야기도 있다.[1] 이 바위를 찾아가려면 중계본동 현대아파트나 삼성아파트 뒤쪽에서 학도암(鶴到菴) 쪽으로 올라가지 말고 원암유치원을 찾아간 다음, 유치원에서 과수원을 따라 불암산 쪽으로 2~3백 미터쯤 올라가야 한다.

자연은 부조화를 싫어한다. 이처럼 절묘한 여근바위를 두었으니 틀림없이 그에 맞는 남근바위가 있을 터이다. 역시 그랬다. 이 마을 한쪽 산기슭에[2] '용든바위' 또는 '사랑바위' 라고 부르는 크고 늠름하게 생긴 남자바위가 있었단다. 그러나 40여 년 전 채석을 하려고 산을 허물면서 용튼바위도 함께 없어지고 말았다고 한다.[3]

여근바위는 다산과 풍요의 상징, 민속자료로 지정해야

이 바위는 설화에서 거대한 여근을 가졌던 가야국 김수로왕의 왕비 허 왕후를 떠올리게 한다. 민담에는 김수로왕의 남근이 낙동강을 가로질러 걸쳐놓을 만큼 컸다고 하는데, 허 왕후도 그에 못지않게 컸던 모양이다.

어느 날 큰 잔치가 열렸는데, 바닥에 깔 자리가 마땅치 않았다. 왕후가 생각 끝에 자기의 거대한 음문을 자리로 깔아서 잔치가 순조롭게 진행되었다. 그런데 한 손님이 실수하여 뜨거운 국물을 자리에 엎지르고 말았다. 왕비는 비명을 지를 뻔 하였으나 꾹 참고 잔치를 마쳤는데, 그로 말미암아 여근에 흉터가 생기고 말았다. 그래서 김해 허씨 후예인 여자는 그 위에 검은 점이 있다는 것이다.[4]

용튼바위가 없어졌으니 하루 종일 불암산 소나무 숲을 지키며, 외로운 이 여인은 이제 어디서 짝을 구해야 할까. 전국에 수배하여 짝 없는 남자바위를 찾아 이 바위와 서로 부부의 인연을 맺게 해주면 어떨까? 아니 그보다도 먼저 노원구청에서 해야 할 일이 있다. 먼저 이 바위를 민속자료로 지정하여 바위를 보호하고, 주변 지역을 정화하는 것이다.[5]

이 밑바위는 우리가 공중변소에서나 볼 수 있는 그런 조잡한 외설물이 아니다. 어떤 의도적 행위로 만들어진 것도 아니다. 앞에서 이야기한 대로 땅과 산이 반고의 육신이듯이, 이 바위도 자연이 빚어낸 여인의 육신의 한 부분으로서 뛰어난 걸작으로 태어난 것이다.

전국적으로 여근 상징물은 대개 자연의 풍요, 다산(多産)과 다남(多男)을 기원하는 곳이며, 그런 믿음의 상징물이다. 그러므로 성(性)을 천박하게 여기거나 외설적으로만 해석할 일이 아니다. 본래 태극은 음과 양이 맞물려서 서로 침범하는 형태(☯)이다. 음과 양으로 구분되기는 하였으나 이른바 '음정양동(陰靜陽動)'이요, '건곤남녀(乾坤男女)'이며, '만물화생(萬物化生)'의 전개이다. 언제든지 서로 합해지려고 하는 두 존재, 둘이지만 하나가 되어야만 하는 존재이니, 우리네 성의 담론은 태극의 이론에서부터 출발해야 할 것이다.

앞에서 소개한 경상남도 남해군 남면 가천리의 숫바위가 우리나라 남성 성기 신앙의 일번지라면, 이곳 불암산 밑바위는 우리나라 여성바위의 으뜸으로서 보호되어야 한다.

---

1) 나라문화, 《나그네》 1984년 6월호, 76~77쪽.

2) 예전에 불암산 줄기의 하계동 쪽 산기슭에 채석장이 많았다.

3) 앞의 책, 76~77쪽

4) 손진태, 〈조선의 민화〉, 《한국문화상징사전1》, 동아출판사, 464쪽.

5) 필자가 20여 년 전 이 바위를 지명으로 소개한 적이 있다. 그 뒤 주변 지역 개발로 이 바위가 없어졌을 것으로 믿었다. 다행히 중계본동 사무소에 전화하였더니 이지호 씨(02-952-0462)가 아직 그대로 있다고 알려주었다. 최근에 경남 남해의 가천 암수바위처럼 지역마다 특징 있는 바위를 민속자료로 지정하고 도로 안내표지판까지 세워서 관광자원화 하고 있다. 노원구에서도 이런 점에 착안해 볼 필요가 있을 것이다.

춘천시 월곡리와 금옥동

천지(天地)의 정(精)이 나오는 옥광산(玉鑛山)

月谷里 金玉洞

달=옥륜(玉輪)처럼 달과 옥은 서로 짝지어진 존재

그대는 칠보(七寶)가 합성되어 있는 달을 아는가?

달 모양은 둥근 고리와 같은데 햇빛이 그 요처(凹處)에 반사하여 빛을 발하는 것이다. 그리고 달에는 8만 3천 호의 인가(人家)가 있어서 늘 달을 도끼로 다듬는다. 내가 그 가운데 한 사람인데 옥설반[1])을 먹고 산다.

옛날 중국의 왕수재라는 사람이 숭산의 산길을 가는데, 갑자기 길이 어두워졌다. 길가에 한 사람이 자고 있어서 그를 깨우자 그 사람이 이와 같이 말하고는 사라졌다는 것이다.

이 말대로 달이 햇빛을 반사하여 빛을 낸다는 말은 그 당시로서는 굉장한 식견이기는 하지만, 달에 8만 3천 호가 살고 있다는 말은 너무나 허황된 중국식 과장법이다.

달을 가리켜 옛 사람들은 옥경(玉鏡 ; 옥으로 만든 거울을 뜻함)이라고도 하고, 옥섬(玉蟾 ; 달 속의 두꺼비를 뜻함), 또는 옥륜(玉輪 ; 옥같은 바퀴를 뜻함)이라고도 하였다. 이것은 달과 옥의 해맑고 깨끗함, 달과 옥의 따뜻한 느낌 등이 서로 짝지어진 것이다. 그리하여 '달 속의 옥토끼' 라든지, '옥도끼로 찍어내고 금도끼로 다듬어서' 라든지 하는, 달과 옥을 연결하는 말들이 생겨난 것이다.

필자가 이처럼 장황하게 달과 옥에 대하여 이야기하는 것은, 바로 강원도 춘천시 동면 월곡리(月谷里) 금옥동(金玉洞)에 있는 국내에서 유일한 옥(玉) 광산을 이야기하려 함이다.

"금이야 옥이야" 라는 말은 어떤 것을 애지중지하는 경우를 말하는데, 이곳의 금옥동(金玉洞)이라는 곳에 옥 광산이 있는 것도 기막힌 일치거니와, 월곡(月谷)=옥 광산도 달과 옥이 좋은 짝이 되기 때문이다.

이 옥 광산은 원래 활석광산이었다가 폐광으로 방치되었는데 대일광업에서 사들여 지금의 '옥산가(玉山家)' 라는 이름의 옥 광산으로 개발한 것이라고 한다. 처음에는 이곳에서 나오는 옥을 장신구용으로 내다 파는 정도였는데, 인체에 미치는 옥의 효능이 널리 알려지면서 옥을 원료로 한 각종 건강 제품을 개발하여 각광을 받게 된 것이다.

1999년 12월 러시아의 체르노빌 청소년 68명이 이곳 춘천의 옥동굴에 들어가 15일 동안 치료를 받고 나온 일이 있다. 물론 이 동굴 속에서 옥의 기운을 쐬고 나옴으로써 방사능 누출로 생긴 몸의 이상을 치료 받기 위한 것이었다.

《본초강목》에는 "사람이 임종 때에 옥을 5근 정도 복용하면 3년

동안 그 시신이 썩지 않는다"고 하였다.[2)]

옥골선풍(玉骨仙風)이란 말처럼 옥은 군자와 선비의 상징

이곳 월곡리는 고려 중기의 명신이자 우리나라 최초의 주자학자로 꼽히는 문성공 안향(安珦, 安諭; 1243~1306)을[3)] 모신 월곡영당(月谷影堂; 안향 선생의 영정을 모신 집)이 있었던 곳이므로 지금도 이 마을을 '영당말'이라 부르고 있다.

여기서 옥은 항상 군자에 비유되었던 것을 생각해 본다. 《공자가어》에도 "군자를 생각하니 그 따뜻함이 옥과 같도다" 하였으며, 《오주연문장전산고》에는 "이런 까닭으로 선비들이 몸에 패옥(佩玉)을 하였다"고 적었다.

그런데 고려 때 육영재단을 설치하였고, 국학 대성전을 낙성하여 새롭게 공자의 영정을 모시는 등, 선비(군자)들의 학문을 진흥시킨 문성공 안향의 영당이 있었던 곳이 우리나라 유일의 옥 산지가 된 것도 기막힌 인연이 아니겠는가.

선비-옥-안향의 영당으로 이어지는 실마리가 신통하기만 하다.

그동안 세계를 지배하였던 중국 신강성 곤륜 산맥의 옥은 빙하로 흘러내린 것을 신강옥이라 하여 4천 년의 생산 연륜을 자랑하였는데, 신강의 옥이 고갈되자 이제 춘천에서 나오는 옥이 세계 제일의 품질이 되었을 뿐 아니라, 매장량도 15만 톤이 넘어서 1년에 150톤씩 캐내더라도 1천 년 동안 캘 수 있다고 한다.

또 이 옥 광산에서 나오는 옥천수로 동치미를 담갔더니 이듬해까지 동치미 독 안에 불순물이 생기지 않고, 맛도 훨씬 좋았다고 한다. 어느 군부대에서는 장병들에게 피부병이 생겨서 옥을 우물에 넣었더니 수질이 좋아지고, 군인들의 피부병이 사라졌다고 한다.

귀한 아들을 낳으면 '옥동자' 라 하고, 신선 같은 풍채를 '옥골선풍(玉骨仙風)' 이라 하며, 남이 쓴 글을 높여서 '옥고(玉稿)' 라하고, 좋고 나쁨을 가리는 것을 '옥석을 구분한다' 고 한다.

그런가 하면《회남자》에는 옥을 '천지의 정(精)' 이라 하였고,《예기》에는 "군자는 반드시 옥을 몸에 찼으니, 까닭 없이 옥을 몸에서 떠나게 하지 않는다", "옥이 산에 있으면 나무들이 윤택해지고, 개천에 구술이 나면 언덕이 마르지 않는다" 하였다.

한때 폐광이었던 월곡리 금옥동의 옥 광산은 이제 질과 양에서 세계 제일을 자랑하고 있다.

> 옥에 흙이 묻어 길가에 버렸으니
>
> 오는 이 가는 이 흙이라 하는구나.
>
> 두어라, 알 이 있을지니 흙인 듯이 있거라.

조선조 화가로 겸재(謙齋) 정선(鄭敾), 현재(玄齋) 심사정(沈師正)과 함께 삼재(三齋)로 유명한 공재 윤두서(尹斗緖)의 시조가 생각나는 까닭이다. 월곡리의 폐광이었던 활석 광산에서 옥을 채굴하여 세계적으로 유명한 옥 광산이 된 것을 필자는 '월곡리' 와 '금옥동' 이라는 그 이름 탓으로 돌리고 싶은 것이다.

1) 옥을 쪼개고 다듬을 때 나오는 부스러기를 옥설이라 하며, 그것으로 지은 밥을 옥설반이라 한 것이다.

2) 《본초강목》에는 중국 황제의 능에 있는 부장품 가운데 옥 제품이 많은 것도 그 때문이라 하였다. 신라의 지배층 고분에서 옥으로 만든 각종 패물이 출토되고 있는 것도 옥을 몸에 지니고 있으면 초자연적인 힘이 생성된다고 믿었기 때문이라고 한다. 또 중국의 하북 지방에서 2천 년 전에 죽은 시체를 발굴하였는데, 2,498매의 연옥을 금실로 꿰매어 만든 수의를 입고 있었다. 그런데 그 시신이 전혀 부패하지 않았을 뿐 아니라 마치 살아 있는 사람과 같았다고 한다. 그 사람의 생명은 끊겼지만 연옥에서 나오는 기로 말미암아 피부의 세포가 썩지 않고 살아 있는 사람처럼 유지되었다는 것이다.

3) 안향은 처음 원나라에 들어가 《주자전서》를 보고 주자학을 연구하였으며, 육영재단을 설치하였고, 국학 대성전을 낙성하여 공자의 영정을 모셨다. 상주판관이었을 때에는 백성을 현혹하는 무당을 엄중히 다스려 미신을 타파하였던 고려 중기의 명신이자 학자이다.

제천시 황석리

장량과 황석공과 창해역사, 그리고 우리 조상 이야기

黃石里

나는 13년 뒤 곡성산의 누런 돌로 나타날 것

유방을 도와서 한(漢)나라를 세운 창업공신으로 장량(張良)이라는 명신이 있다. 그가 청년 시절 천하를 떠돌다가 하비(강소성)에 숨어 살 때의 일이다.

어느 날 아침 다리를 지나는데, 한 남루한 노인이 일부러 신발을 다리 아래로 떨어뜨려놓고는 "이보게, 저 신발 좀 주워 오게" 하는 것이었다. 본래 노인을 공경하는 습관이 몸에 밴 장량인지라 다리 아래로 내려가 신발을 주어다가 노인에게 주었다.

그러자 노인이 발을 쓰윽 내밀면서 "내 발에 신겨보게" 하므로 장량이 싫은 내색 하지 않고, 허리를 굽혀 신발을 노인의 한 쪽 발에 신겨주었다. 그러자 그 노인은 장량을 기특하게 보았던지 "내가 좋은 걸 가르쳐줄 테니 닷새 뒤 이 시각에 다시 만나자" 하고는 사라졌다.

닷새 뒤 이른 아침 장량이 그 다리로 나가보니 노인이 먼저 나와서 기다리면서 "어른과 약속한 놈이 왜 이리 늦느냐?" 하고 호통을 치며 "다시 닷새 뒤에 만나자" 하고는 가버렸다. 이 노인이 비록 남루하고 못생긴 노인이기는 하였지만, 장량은 노인에게서 범상치 않은 기운을 느꼈는지라, 닷새 뒤 약속 때에는 아예 잠도 자지 않고 초저녁부터 다리에 나가서 노인을 기다렸다.

그때 노인이 나타나서 장량에게 한 권의 병법서를 건네주었는데, 그것이《태공병법》이었다고 한다. 여기서 태공은 낚시로 유명한 태공망(太公望) 여상(呂尙)[1]으로서 주나라 문왕에게 발탁된 인물을 말한다.

노인은 "이 책을 읽으면 너는 왕의 스승이 될 것이다"라고 하였다. 장량이 노인의 성함과 거처를 묻자, "13년 뒤 네가 제나라 북쪽 곡성산(산동성)을 지날 때, 노란 돌이 보일 것인즉 그 돌이 바로 나다" 하고 일러주었다.

과연 13년이 지나 장량이 한나라 유방의 스승이 되어 곡성산을 지나게 되었는데, 노랗게 빛나는 돌을 발견하였다. 장량은 그 돌을 도읍지의 자기 집으로 가져다가 모시고 정중하게 제사 지냈다. 그리고 장량이 죽자 그 돌은 장량의 유해와 함께 묻혔다고 한다.

진시황을 죽이려던 장량은 동이족. 창해역사는 강릉사람

이것은 중국 한나라의 건국에 나오는 '황석공'에 관한 이야기이다. 여기에 나오는 장량은 진시황을 제거하려고 천하를 돌면서 힘센 사람을 찾았는데, 창해역사를 만나서 의기투합하여 진시황을 죽일 계획을 꾸미게 된다.[2]

마침내 천하를 순시하던 진시황의 행차가 박랑사(지금의 요동 부근)

를 지날 때 그를 120근 철퇴로 때려죽이기 위하여 만반의 대비를 하고 있었다. 그러나 진시황이 수레를 옮겨 타는 바람에 실패하여 창해역사는 자결하였고, 장량은 도주하여 숨어 지내게 된다. 바로 그때 만나게 되는 인물이 황석공인 것이다.

장량, 곧 장자방(張子房)에 대하여는 그를 동이족(우리나라) 출신의 한인(韓人)으로 보고 있다. 그의 조상이 대대손손 한나라의 재상이 되었으나 그의 나이 20여 세 때 한나라가 진시황에게 멸망하자 나라의 원수를 갚고자 절치부심하였던 것을 미루어 짐작한 것이다.

따라서 장자방의 행적이나 창해역사와의 관계, 지리적 상황들을 고려해 볼 때 장량이 동이족이라는 설에 수긍이 갈 뿐만 아니라, 그가 예맥의 땅을 돌아다니며 힘센 의혈남아를 찾을 수 있었던 것도 같은 맥락에서 풀이된다.

당시의 창해군(滄海郡)은 지금의 강릉으로서, 강릉에는 장량과 함께 진시황을 죽이려다가 실패한 창해역사 여홍(黎洪)의 유허비가 세워져 있고, 또 여홍에 관한 여러 가지 이야기가 전해지고 있다.[3)]

여기서, 장량을 가르침으로서 뒷날 한나라를 세우게 한 황석공의 이야기는 매우 신화적이며 암시적이다. 이미 장량이 유방을 도와 그를 한 고조로 옹립하고, 한나라를 세우게 될 것을 예언하고 있기 때문이다.

한편 여기에 등장하는 황석(노란 돌)에는 여러 가지 의미가 있다. 노란 색은 동양에서 매우 상서로운 색, 지상의 기본 색으로 숭상하는 빛깔이다. '황(黃)' 은 오방(五方)에서 동 · 서 · 남 · 북 · 중앙 가운데 중앙에 해당하며, 오행(五行)에서는 금 · 목 · 수 · 화 · 토 가운데 토(土)의 색에 해당한다.

중국에서 노란색은 옛날부터 고귀한 색으로서 황제밖에는 몸에 걸칠 수 없었다. 황제(皇帝)와 황제(黃帝)가 동일시되는 것도 '지상의 통치자' 라는 의미가 있다. 그런가 하면, 황하(黃河)가 중국 문명의 발상지가 된 것도 보통 인연이 아니다. 또 중국에 황산(黃山)이라는 이름도 270여 개나 되는데, 그 가운데서도 북경시 방산현의 황산은 장량이 진시황을 살해하려다가 실패하여 숨은 곳이라고 한다.

제천 황석리에서 나온 청동기시대 인류의 조상 유골

아득히 생각을 거슬러 올라가보면, 황토가 흘러내려 황하(黃河)가 되고, 황하가 흘러들어 황해(黃海)가 되며, 황사(黃砂) 현상이 일어나는 등 모든 '황(黃)' 자의 돌림 속에 황인종 삶의 역사가 숨 쉬고 있는 것 같기도 하다.

그리고 다시 돌아와 충청북도 제천시 청풍면 황석리(黃石里)를 찾아가보자. 이곳은 남방식 고인돌 120여 기가 발견되어 1962년부터 국립중앙박물관에서 발굴 작업을 추진하여 온 곳이다. 청동기시대의 한반도에는 대륙으로부터 많은 인구의 유입이 있었던 것으로 보인다.

당시에 예맥족이 한반도로 들어왔다는 기록이 남아 있을 뿐만 아니라, 이때 들어온 여러 가지 문화들이 우리 고대 문화의 원형을 이룬 것으로 보이기 때문이다. 특히 청동기의 형태와 문양, 석관묘의

황석리 고인돌과 무덤방

존재 등이 고인돌 문화에서 확인되고 있다.

그런데 황석리 13호 고인돌에서는 키 174센티미터인 완벽한 형태의 인골이 발굴되었고, 그 밖에도 돌도끼, 돌칼, 맷돌 등이 쏟아져 나와서 청동기시대의 역사를 연구하는 귀중한 자료가 되고 있다.

이곳 제천시 청풍면 황석리는 원래 큰 돌(고인돌)이 많아서 한똘, 황똘, 황석, 황도라고도 불렀던 곳이다. 이곳에서 발견된 수많은 고인돌 가운데서 청동기시대의 인골이 고스란히 남아 있는 상태로 발굴된 사실은, 마치 장량의 스승 황석공이 이곳 제천 땅에 자신의 유체를 남겨놓은 느낌을 준다.

황석공이 장량에게 남겨준 모든 것들이 신화적이고 암시적이었다면, 이곳 제천시 황석리라는 이름도 암시적이다. 황석리의 고인돌 자체가 옛 사람들의 무덤으로 그 안에 청동기시대의 인골이 완벽하게 보존되어 있음을 암시하고 있었던 것 같다.

우리 집이 어디인가.

이곳이 바로 우리 집이로세.

세상 사람들아, 우리말 들어보소!

사람이 살면 천만 년을 사는가.

웃고 떠들다 보니 벌써 죽음이로세.

이것은 진시황 때 광대들이 부른 노래라고 한다.

황석리와 황석공. 어쩐지 이곳이 황석공의 집이었던 것 같기도 하고, 황석공－황석리(제천)－장량(동이족)－창해역사(강릉)를 모두 인연 있는 이름들로 자리 매김 해보고 싶은 것이다.

---

1) 태공은 조부 또는 증조부를 말하며, 남의 아버지에 대한 높임말이기도 하다. 태공망 여상은 주 문왕의 스승으로서 "장차 성인이 주(周)나라에 이르면 그 사람의 힘으로 나라가 일어날 것" 이라 하여 호를 태공망이라 하였다. 그가 위수(渭水)에서 낚시질을 하며 때를 기다린 고사를 근거로 낚시질하는 사람을 '태공' 에 비유하고 있다.

2) 이 점에 관하여 장량이 진시황을 제거하기 위해 우리나라 여러 곳을 돌면서 힘센 사람을 찾아다녔다는 이야기가 몇 개의 지명 속에 전해지고 있다.

3) 창해역사는 강릉시 옥천동의 대창리(大昌里)에서 태어났다고 한다. 그에 관해 강릉 지방에 여러 가지 이야기가 전해지고 있는데 7세 때 키가 2미터가 넘었다든지, 대낮에 나타난 호랑이를 맨 주먹으로 때려잡았다든지, 일만 근이 넘는 종을 들어 옮겼다든지 하는 이야기들이다. 창해역사 여홍은 강릉 지방에서 범일국사나 대관령국사 여성황과 함께 민중 속에 살아 있는 영웅적 존재이다(김기설, 《강릉에만 있는 얘기》, 민속원, 2000, 134~135쪽 참조).

참고문헌

교학사, 《최신 전국 여행》, 2006.
국립지리원, 《지명유래집》, 1987.
권기모, 《정겨운 예천 산하》, 예당, 1999.
김강산, 《태백의 지명유래》, 태백문화원.
김기빈, 《가고픈 산하, 북녘의 땅이름》, 지식산업사, 1990.
_____, 《역사와 지명》, 살림터, 1996.
_____, 《일제에 빼앗긴 땅이름을 찾아서》, 살림터, 1995.
김기설, 《강릉에만 있는 얘기》, 민속원, 2000.
김의원, 《국토 이력서》, 북스파워, 1997.
김장호, 《한국명산기》, 평화출판사, 1993.
김하돈, 《마음도 쉬어가는 고개를 찾아》, 실천문학사, 2001.
김형수, 《한국 400 산행기》, 깊은 솔.
김　훈, 《현의 노래》, 생각의 나무, 2004.
나라문화, 《나그네》, 1984, 6월호.
내무부, 《지방행정지명사》, 1982.
동아출판사, 《한국문화상징사전 1》, 1996.
문경새재박물관, 《길 위의 역사 고개의 문화》, 2002.
박갑천, 《세계의 지명》, 정음사, 1973.
백문식, 《우리말의 뿌리를 찾아서》, 삼광출판사, 2006.
백제문화개발연구원, 《백제문화권역의 효열설화 연구, 충청지역》, 1984.
뿌리 깊은 나무, 《한국의 발견》, 경상북도.
서울대학교 규장각, 《호구총수》, 1789, 영인본.
서울특별시, 《동명연혁고》, 종로구, 1992.
수원시, 《수원지명총람》, 1999.

수원시, 《수원화성행궁》
신현정, 《가평의 자연과 문화》, 피플뱅크, 1994.
양태진, 《한국영토사 연구》, 법경출판사, 1991.
이규태, 《선비의 의식구조》, 신원문화사, 1984.
_____, 《역사산책》, 신태양사, 1991.
_____, 《한국인의 성과 사랑》, 문음사, 1985.
이돈주, 《한자학총론》, 박영사, 2000.
이유수, 《울산지명사》, 울산문화원, 1986.
이종학, 《화성 제 이름 찾기까지》, 사예연구소, 1999.
이창식, 《단양 8경 가는 길》, 푸른 사상, 2001.
조선일보사, 《월간 산》, 2006, 6월호.
조용헌, 《조용헌 살롱》, 랜덤하우스, 2006.
지방행정연구소, 《월간 자치행정》, 2006, 6·8월호.
진성기, 《남국의 지명유래》, 1975.
천소영, 《우리말의 문화 찾기》, 한국문화사, 2007.
한국정신문화연구원, 《한국인물대사전》, 중앙일보사, 1999.
한글학회, 《한국지명총람》, 각 시도편.
한영우, 《왕조의 설계자 정도전》, 지식산업사, 1999.

김부식, 《삼국사기》
신경준, 《여암전서》 도로고
이규보, 《동국이상국집》
이긍익, 《연려실기술》
이순신, 《난중일기》
이 행 외, 《신증동국여지승람》
일 연, 《삼국유사》
_____, 《일본서기》

찾아보기